「3か月」の使い方で人生は変わる

日本富比士TOP10創業家
佐佐木大輔——著
劉愛夌——譯

告別無效努力的

Google三個月循環工作術

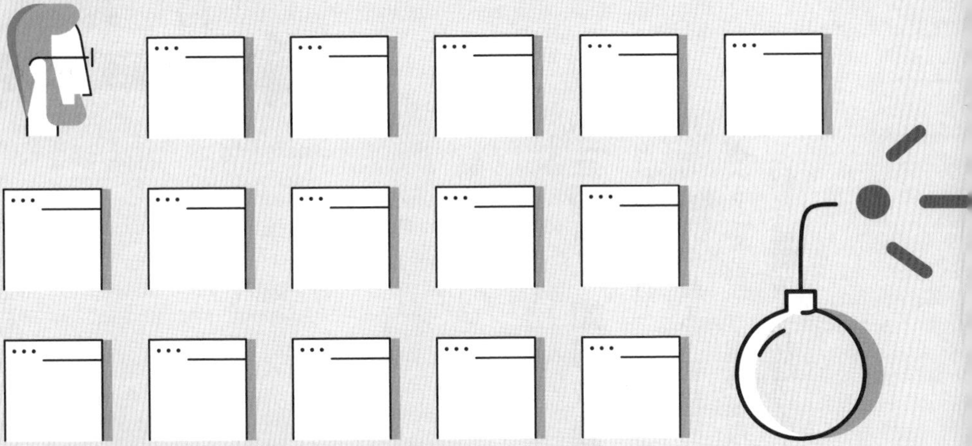

三個月交不出成果，就等於失敗！

目錄

CONTENTS

02 決定三個月的「主題」

03 如何訂立三個月的「目標」？

04

找出三個月的「時間小偷」

05

提高三個月生產力的行程規劃

06 沒有「成果」，就沒有「成功」

前言

創造奇蹟的三個月

想做的事情一大堆，卻苦於沒有時間？

每天都被工作追著跑，忙得焦頭爛額，抽不了身？

相信現在很多人都有這兩個問題吧！我之所以寫下本書，就是想藉由自己過去的經驗，教導大家如何運用時間。

針對上述兩個問題，我的回答是：「如果你有想做的事，**就必須擺脫每天被『待辦事項』追著跑的日子，為自己創造更多的時間。**」

看到這個答案，一定有人心想：「有點創意好不好？我聽這種論調都快聽到耳朵長繭了。」「我就是因為挪不出時間，才會拿起這本書啊！」別著急，請各位耐心看下去。

我曾在Google服務期間，運用上班以外的時間，開發出freee這套雲端會計系統，而後更創立freee這家公司。

無論是在Google的工作期間，還是開發出freee之後，我都非常注重「三個月」這個時間單位。「三個月」，在Google稱為「quarter」

或「三個月循環」；在日本則稱為「季度」。「三個月」是本書的一大重點，詳情請見後續章節。

善用時間擺脫低效率的工作

freee是日本目前使用率最高的雲端會計系統，這套系統對我運用時間的方式影響甚鉅。

很多人每天都被時間追著跑，導致事情一再拖延，無法獲得解決。觀察一番後，我注意到會計這類「後勤工作」的效率特別低，是職場上的一大問題。

「創造型工作」無法講究效率，但是這類工作能為職場帶來新氣象與動力。相較於生氣勃勃的「創造型工作」，「後勤工作」就顯得死氣沉沉，既複雜又累人。我之所以開發雲端會計系統，就是想幫大家擺脫後勤工作的「糾纏」，把時間用來「創造」更多的新事物。

我們公司裡有很多工程師，每個工程師的生產力天差地遠，有時甚至會有百倍之差。為什麼會有這麼大的不同呢？在我看來，這與「時間管理」息息相關，**懂得善用時間的人，才能在眾人之中脫穎而出。**

然而，無論時代怎麼改變，一天還是只有二十四小時。想要有更多時間專注在自己想做的事上，我們除了要知道怎麼運用時間以外，還必須學習如何「創造時間」，排定事情的優先順序。

所謂的「排定優先順序」，換個說法就是排除「不需要做」和「可以不做」的事情。

我們必須照自己的想法排定優先順序，給自己一點緩衝，三思而後行，設法掌控時間。如果跳過這個步驟，很容易做什麼事都不順利，卻茫然找不出原因。

你的時間總是不夠用？經常遇到突發狀況，光是處理這些臨時冒出來的瑣事，就渾渾噩噩過了一天嗎？如果答案是肯定的，請務必檢視自己運用時間的方式是否得當。

我們公司的員工經常聚在一起對照行事曆，檢討時間的運用方式，你一言，我一語地彼此提出意見，討論得相當熱烈。

顛覆既定的時間觀念

在二〇〇八年進入Google工作後，Google改變了我對「時間」的觀念，為自己的人生開啟全新局面。

進入Google任職前，我一直以為「工作量就是成效」，不斷追求工作效率，加快處理事務的時間。

這其實是高度經濟成長時期的價值觀遺毒，我甚至會一邊走路，一邊看書，並不是因為勤勉好學，而是不想浪費一分一秒。

加入Google後，我見識到各國人士的工作方式，時間觀念也開始出現轉變。我從前以為處理大量工作才能做出成績、出人頭地，然而Google卻完全顛覆了我的價值觀，我才明白工作量和成果不一定成正比。

事實上，不只是Google，我認識許多商務菁英也並非從早到晚都在埋頭工作，但卻依然能夠交出傲人的成績，他們於公馳騁商場，於私也經常陪伴家人，人生過得幸福又美滿。

在這個時代，重點早已不是「如何執行大量工作」，而是**如何與他人合作，善用時間發展事業**。

將多出來的時間投注在其他美好事物上

書店通常將教人如何善用時間的書，歸類於「時間術」或「時間管理」等書目。一般人看到這兩個詞彙，都覺得是在講述如何在短時間內處理大量事務，又或是教人如何加強工作效率。

然而，我認為這只是中繼點罷了。在我看來，**學習「時間術」和「時間管理」的最終目的，是把因為「提升工作效率」而多出來的時間**

與熱情，用在「無法提升效率」的事物上。

今後全球將正式進入人工智慧（Artificial Intelligence, AI）時代，能夠效率化的工作將慢慢被人工智慧所取代；也就是說，其他看似「沒有效率」的工作，未來將成為人類投注時間的主要項目。

「企業文化」就是很好的例子，公司剛成立時是沒有「文化」的，企業文化必須慢慢培養，隨著時間流逝，等員工有了共識，且共榮共患的經驗累積到一定程度後，才會形成特有的模式。

以更貼近生活的事物為例，人與人的「信任關係」也必須花費時間才能建立。和家人相處的時間、生活中的感動、心靈上的放鬆等，更是欲速而不達，無法以「效率」為標準評論。

「時間觀念」改變後，我開始將因為「提升工作效率」而多出來的時間，花費在「沒有效率」的事物上。比起時間的「長短」，我更在意「品質」與「滿意度」，於公於私皆是如此，迎向煥然一新的人生。

慢慢地，開始有人對我說：「你明明這麼忙，卻還是很有時間」、「你竟然還有多餘的時間進修，真是厲害」、「為什麼你這麼有空？」讓我聽了頗為得意。

其實，我會投入開發freee這套雲端會計系統，是受到Instagram創辦人凱文．斯特羅姆（Kevin Systrom）的影響。

斯特羅姆以前也在Google工作，他曾說：「我不是工程師，但我還是開發出程式，還創辦了公司。」受到這句話的鼓舞，我才鼓起勇氣嘗試挑戰。

我踏出了自己的第一步，希望各位在看完這本書後，也能踏出你們的第一步。

二〇一八年六月

佐佐木大輔

01

「三個月」如何改變我的一生？

所有任務皆應以「三個月」為期

用「三個月」投入全新挑戰

透視 Google 的「三個月循環」

「三個月時間術」打造的市占第一軟體

所有任務皆應以「三個月」為期

需要多久時間，才能實際上感受到**「改變」**和**「達成預期標準」**呢？

在我看來，至少要經過「三個月」才能「有感」。三個月無法改變事業，無法改變經營方式，**但卻可以讓我們建立人生轉機，改變想法，創造成功。三個月能讓人有所收穫**，衝刺成為第一，進而累積信心，開創人生新道路。

我做任何事都是以「三個月」為期，無論是讀書或準備創業，只要是需要「轉機」時，我都會執行「三個月計畫」。

這最早可以追溯到小學時，我就讀的是住家附近的公立小學，那所小學恰巧是東京都台東區裡對教育最用心的學校，家長都對教育相當投入，其中也不乏遠道而來的學生。

升上小學五年級後，同學為了準備報考私立中學，每天下課都會到補習班報到，導致我每天放學後都孤零零地回家。

於是，我拜託父母讓自己上補習班。但是，我並不是想要念書，而是為了和朋友玩。每到補習班下課時間，我就會和同學三五成群地玩撲克牌，玩得不亦樂乎。

然而，那間補習班採取能力分班，漸漸地，「牌友」一個接著一個都到了前段班，我卻一直待在原班。

這讓我傷透腦筋，因為這麼一來就無法達到原本上補習班的目的了。雖然我也想和他們一起進入前段班，但是因為數學和國語都很爛而無法做到。正當我不知該如何是好時，某個同學向我推薦一本評量，於是我像是抓住救命稻草般，拚命地做題目。

當時我告訴自己：「我要在三個月內做完這本評量，就算沒有搞懂題目，也要把答案背起來！」

你猜後來怎麼了？我非但超越原本的那群「牌友」，還為了尋求技術更高超的牌友，一路升上最高的A段班，後來還考進很多人擠破頭都無法就讀的菁英學校——開成中學。至今仍記得，大家聽到我考進開成中學時難以置信的反應，這是我第一次以「三個月」為期所體驗到的成功。

從此以後，我多次在「三個月」內集中火力達成各種目標，積極藉此改變自己的人生。

集中火力，對目標全神貫注

對我而言，為了完成某項目標，集中精神全力衝刺「三個月」已是極限。說得極端一點，每天不斷做同一件事，你能支撐多久？頂多三個月就不行了吧！這可能和「三分鐘熱度」的個性有關，我無法追求目標超過三個月，否則只是在自我折磨。

常有人問我：「為什麼是三個月？半年或一年不好嗎？」因為「半年」或「一年」都有點太久了，時間一久就必須做出犧牲，或是放棄某些事情。相反地，**三個月有九十天，既不會太長，可以保持高度熱情與專注力；又不會太短，足以達成單一目標。**

在計畫階段，你或許會覺得「三個月」很長，但是結束後就會發現，時間一下子就過去了。

用「三個月」集中火力完成單一目標，可以從中發現各種樂趣，讓人學有所成、術有專精，明確感受到自己的成長與進步。就算無法做出有形的成果，也一定能取得無形的收穫，並在累積之後迎向最終成功。

重點提示

「三個月」是「創造改變」的最小時間單位。

用「三個月」投入全新挑戰

用三個月追求單一主題。

以我的經驗來看，在訂定任務時應該盡量採用尚未受到大眾重視的主題，因為這類主題做出來的成效較高。

和各位分享我在大學時期的成功經驗，當時我到創投企業Interscope（現為Macromill）實習，利用「三個月時間術」開發出一套新系統。那是我第一次在三個月內集中火力，創造出「對世界有價值的事物」，並從中獲得十足自信。

Interscope是一家市場調查公司，透過網路問卷將消費者的行為模式化，目的是設計有預測功能的網路平台。我深受該公司的構想所吸引，甚至覺得這份工作是自己與生俱來的使命。

然而，實際進行後才發現工作過程非常粗糙，在進入數據分析之前，得先完成大量又繁複的人工作業。我們必須將問卷的回答貼到Excel上，整理成一定形式後才能進行分析。有些較為複雜的問卷，光這個步驟就要花費一整天，甚至更長的時間。在這段期間內，就只是一筆又一筆地複製、貼上，不斷重複做著一樣的事。

這和原本的預想實在相差太多了，再加上我本來就不擅長一成不變的工作，每每犯錯都會遭到訓斥。一週後，我終於受不了，直接向當時的總經理反應道：「我無法忍受這種工作，我不幹了。」

沒想到總經理對我說：「我能理解你的心情，既然你不喜歡這份工作，何不設法解決問題呢？」當時我原本是要遞交辭呈的，卻被總經理反將一軍，要我思考解決方案。

其實我並不是沒有想過，這種繁複的作業只要寫程式，全面自動化後即可解決。那天下班後，我到書店買了程式設計和Excel巨集的教學書籍，抱著姑且一試的心情讀完。

試做幾個範本後，我發現只要全心投入，應該就可以成功寫出程式。

於是，我要求總經理給自己三個月的時間，這段期間不做其他的工作，專心地把人工整理程序自動化。當時的我才剛剛收回辭呈，抱持著不成功便成仁的決心。

勇於投入新挑戰，帶來創造性成果

剛開始幾週，我非常努力地學習如何寫程式，之後才正式進入實作階段。三個月後，我成功寫出一套整理數據的程式，這並不是簡單的工作，但我還是做到了。

這套程式無須進行複製、貼上的動作，只要二十到三十分鐘，就能完成原本需要花費一整天才能做完的工作。這麼一來，員工就能省去整理的工作，只要分析數據即可。

這套程式改變了數十名員工的工作方式，在公司引發「流程大革命」。那是我第一次感覺自己在公司裡「英雄有用武之地」，正因為我勇於挑戰尚未受到重視的新主題，才能品嘗到美味的成功果實。

若換成運動、音樂等較為「一窩蜂」的主題，說實話，我在三個月內很快就會黔驢技窮了。

世界上還有很多無人嘗試過的新事物，**建議大家可利用三個月的時間全力投入新挑戰**，帶給世界新的衝擊。這麼做不但會很有成就感，還可能翻轉自己的人生。

重點提示

訂定「三個月」的任務主題時，應勇於挑戰尚未受到世人重視的事物。

透視Google的「三個月循環」

在三個月內做出成果。

在Google工作時，我發現大家都奉行「三個月循環」。Google相當重視三個月的時間管理，在這方面非常有默契，無論是人或專案，只要三個月內做不出成果，很快就會被公司遺忘。

事實上，Google經常以三個月為單位更動專案和人事。若是無法做出成果，公司可能會立刻刪除預算，甚至解散整個團隊，所以常有人因為跟不上公司的步伐而離職。

大學畢業後，我先進入廣告公司工作，至今依然記得剛剛進入Google時所受到的巨大衝擊，因為Google的三個月相當於廣告公司的兩年半。

「仿照和共享」創造的新風氣

我在Google負責中小企業的行銷工作時，有一次向主管申請執行經費，主管非但沒有拒絕，還給了一筆更大的金額，要我「盡量用」。這讓我感到非常驚訝，因為那筆錢多到「很難花完」。

Google的行銷小組有一個特別的文化，名為「仿照和共享」（Steal & Share），我們會以不落人後的速度，仿照其他國家地區的優良做法，並將成果和所有人分享。

這樣的風氣加上足夠的經費，我開始參考全球各地的成功行銷案例，快速又大膽地進行各種嘗試。期間締造出許多成果，獲得大量的靈感，還成功改良許多既有的行銷方案。

在高額預算的支持下，我才能同時進行多方嘗試，在短時間內培養出靈敏的市場嗅覺，判斷每個策略的可行性。

如果沒有這麼多的經費，我能嘗試的項目肯定有限。也正是因為如此，我在Google只花了三個月就完成在其他公司要花上一年半才能做到的事（當然我本身也很努力）。

此外，Google做的並不僅止於「嘗試」階段。我們還會特地出國，向客戶推薦經過驗證的成功行銷策略，積極地向外推廣。

信任帶來正向循環

Google的工作經驗告訴我，想要工作得更順利，就必須設法獲得工作夥伴的信賴。在Google能否成功，全看你是否「可以信賴」。只要提升自己的「可信度」，就能打通更多的人脈與錢脈。也正是因為如此，Google員工從不吝於和別人分享成功案例。

如果同事嘗試你推薦的行銷方案，發現效果非常好，自然就會對你更信任。這麼一來，你在公司做事才能「暢行無阻」。在Google工作期間，我每天都沐浴在Google的活力中。想要在三個月內做出成果，就必須透過「信任」增添個人魅力，讓別人心甘情願地為你做事。

三個月內能做出多少成果，取決於周遭的人對你有多少信任。每一次的結果，都與下一次的「三個月成果」息息相關。

我就這樣不斷地以「三個月」為單位，做出顯而易見的成果。Google的「三個月循環」雖然讓我「精神緊繃」，卻也讓工作步調更緊湊，也更樂在其中。面對排山倒海而來的新挑戰，我的進步速度勢如破竹，熱情滿滿，鬥志十足。

重點提示

以三個月為單位做出顯而易見的成果。

「三個月時間術」打造的市占第一軟體

我們公司的產品freee是全日本使用率最高的雲端會計系統，事實上這套系統正是「三個月時間術」的產物。

這套系統的理念是：「讓中小型創投企業的人可以專心從事創新工作。」該構想可追溯到我在Google工作的時候。

我在二〇〇八年進入Google任職，剛開始負責中小企業的行銷業務，之後則擔任亞洲地區的統籌負責人。成為統籌負責人後，我發現日本中小企業在「科技」和「網路運用」方面相當落後，不但鮮少使用雲端功能，創業率也比其他國家低了很多，讓我頓時感覺到強烈的危機感。

隨著這樣的案例愈來愈多，我產生想要創業的念頭，利用科技的力量幫助中小企業的經營者。這個念頭讓我躍躍欲試，迫不及待地想要有所作為。

聚焦效率，進行會計系統革新

為什麼在眾多科技中，我會選擇「會計系統」這個項目呢？這其實和我在Albert的工作經驗有關。Albert是一家專門支援行銷企劃的創投企業，我在加入Google前曾在該公司擔任財務長。

當時公司每天都會收到各種請款單和收據。會計人員拿到單據後，必須逐一輸入電腦，因而造成極大的工作負擔。後來我在Google工作時突然想起這件事，於是開始思考：「怎麼做才能讓會計工作更有效率？」因此才出現雲端會計系統的構想。

至今我遇到各式各樣的問題與疑問，而freee的雲端功能幫我的疑惑找到了出口，讓我更了解這些問題的本質。重點來了，我該如何化構想為具體，將這些「出口」呈現在世人的面前呢？這就是「三個月時間術」派上用場的時候了。

於是我自己訂立目標：在三個月內做出初始原型。我開始重新學習程式語言，因為白天必須到Google上班，所以早上六點就起床，利用上班前的兩個小時看書，六點下班後再繼續研究到凌晨一點。

在那段期間，我每天都只睡四個小時，卻一點也不覺得累。我像是走火入魔的「電玩兒童」，有時還會因為太過沉迷而忘了時間，還要控制自己的速度，以免進度超前。

從單打獨鬥，到與志同道合的夥伴一起努力

第一個「三個月」，我成功將freee這個構想化為具體的系統。我在這段時間培養出優良的技巧，就算沒有別人的幫助，也有自信獨力開發成功。

對我而言，培養「獨立作業」的自信非常重要，我的個性不適合委託別人開發管理，因為我習慣在發生問題時，立刻釐清問題的嚴重性。

因為開發成本只有「自己」，所以就經濟面而言，獨立作業非常省

錢。一開始，我抱著姑且一試的心情獨自開發，最後還是做得有聲有色。

不過，既然我要拿freee做生意，就必須確保這套系統經得起考驗，使用流暢且不會出錯。因為我不是專職工程師，這方面還是要求助於專業人士。所以，第二個「三個月」的目標，就是「尋找一起開發freee的最佳夥伴」。

後來我找到兩名夥伴共同開發freee，現在除了中小企業外，也有很多大型企業和自僱人士使用這套系統。能有今天的成績，都源於我在Google「半工作半開發」的那三個月。我的人生經驗告訴自己，**長也三個月，短也三個月**。也許你認為三個月很短，但是其實只要用對方式，三個月也可以很長。

重點提示

用三個月集中火力，創造人生成功新頁。

02

決定三個月的「主題」

從三分鐘熱度到三個月熱度

與眾不同才能脫穎而出

「興趣」與「實力」的交會點

沒有做過，不代表你做不到

向 Google 學習如何「unlearn」

用「真價值法則」當判斷基準

創新常常只是重新排列組合

每三個月更新一次「任務主題」

從三分鐘熱度到三個月熱度

在決定「三個月」的任務主題時，請務必遵守一個大原則，就是**選擇「有樂趣」的主題**。

話雖如此，但偶爾還是會被分配到「無趣」或「乏味」的任務，這時候又該怎麼辦呢？

山不轉路轉，遇到這種情形就必須換個角度思考。**即便主題真的很無聊，還是要把眼光放遠一點，思考「解決問題後」能獲得什麼價值與意義。**

現實與想像的落差造成自我質疑

大學畢業後，我進入知名廣告公司「博報堂」的行銷部門工作。我畢業前在Interscope實習時，博報堂就是Interscope的大客戶，再加上有很多新鮮人都想進入博報堂工作，所以我天真地以為在博報堂工作一定非常有趣。

然而，我才進入公司不久就備感挫折，部門經常徹夜開會，討論要用什麼廣告標語、請哪些藝人代言。對喜歡這類工作的人而言，做起這些事自然是如魚得水，但是我卻完全感受不到其中的樂趣，因此做了一陣子後就相當灰心，深感自己在這個業界沒有未來。

傳統廣告業界無法準確算出性價比（price-performance ratio），所以無法得知推出一支廣告能賺多少錢。因為我以前都是從事數據科學方面的工作，所以對這一點感到非常不安，面對廣告案經常興趣缺缺，提不起勁。

實地走訪，從任務中找到新啟發

有一次，公司派給我一份個人信貸公司的行銷工作。日本人對「個人信貸公司」的印象一向不好，因此接下這份工作後，我的第一個任務便是「用電視廣告為該公司建立優質的品牌形象」。

在政府法規的限制下，個人信貸公司能使用的廣告詞彙相當有限。因此，我認為如果要協助公司建立優質形象，單憑廣告是行不通的，還要有其他的優勢才行。

為求了解狀況，我到各家信貸公司辦了好幾張現金卡，借了一大堆錢。

實際走訪後，我發現每一家的方案、服務都大同小異。此外，其中有幾家信貸公司設在同一棟大樓裡，在可以比較的情況下，消費者很可能因為「A公司店面較為髒亂」這種瑣碎的原因，而選擇向B公司借款。

於是，我向行銷團隊提議請客戶修整店面，藉此吸引顧客上門。然而，行銷團隊一開始卻不認同這項提案，因為他們都是社會菁英，平時根本就沒有機會向信貸公司借款，自然無法站在借款人的角度思考。

為了讓行銷團隊了解借款人的想法，我帶著他們實地走訪幾家貸款公司。實際參觀後，他們終於明白我的考量是正確的，並且願意和我一起擬定改善策略，協助客戶計算投資報酬率。

之後我們派出調查人員走遍東京的兩百家分店，實際評估店面狀況，像是拍攝門口和提款機的照片，分析影響來店客數的要因，藉此歸納出店家的投資方向與模式。後來我們整理出明確的改善要點，成功提升營業額，客戶也感到非常滿意。

放棄也要經過深思熟慮

這一次的經驗告訴我，只要能從任務中找到新的樂趣，還是有辦法享受解決問題的過程。

建議大家在面對任務時，應從多方角度思考。如果這樣還是無法提起你的興致，「放棄」也是一種選擇。

若能在乏味中找到樂趣，那可是天大的發現！**「鬥志」來自主動發現的微小事物，而非被動給予的重大任務。**

重點提示

「樂趣」不會憑空出現，而是要靠自己發掘。

與眾不同才能脫穎而出

過去的經驗告訴我，在決定三個月的主題時還有一個原則，就是要**盡量「與眾不同」**。

原因很簡單，因為愈少人從事的主題，競爭對手就愈少，自然更容易做出成果。

剛升上國中時，我曾一度陷入嚴重的自我認同危機。我因為口齒伶俐的關係，就讀國小時是校內的風雲人物。然而，升上開成中學後，我發現每位同學都非常優秀，個個能言善道，讀書運動樣樣都比我來得強。我吵架吵不過他們，音樂和畫畫也輸他們一截，導致我在學校經常受到忽略，一點都不起眼。

當時我參加好幾個社團，用「三個月時間術」挑戰許多有興趣的事物，像是橄欖球、排球、棒球、合唱團等，但卻始終效果不彰，讓我不禁開始懷疑自己：「我真是一無是處，個性平凡，能力又不出眾……。」當時的我每天都覺得非常自卑，做什麼事都是三分鐘熱度，對未來感到一片茫然。

直到有一天，我改變了自己的想法：「既然我不能靠著一般方法致勝，何不走『旁門左道』，靠著突發奇想脫穎而出？」於是，我開始**留意身邊那些較不起眼、與眾不同的事物**。

如果我在開成中學也是風雲人物，肯定不會有這種想法，因為沒有必要。正是因為我的不起眼，才會為了重拾自信，轉攻「小眾利基市場」。當然，我在這段期間內也吃了不少苦頭、碰了不少壁，但最後還是找到自我風格，並且在日後成功開發出freee這套雲端會計系統。

用第一次成功建立高度自信

在我就讀高中時，私校學生很流行背著有校徽的書包。當時因為開成高中沒有發售，所以我決定自己訂做。

設計好樣式後，我開始東奔西走，不知道打了多少廠商的電話。在此同時，還拿著設計稿四處詢問同學的意見，許多同學都表示願意購買。於是我鼓起勇氣，一口氣訂做了三百個書包，沒想到一下子就銷售一空。

這是我第一次做生意，一個書包的訂做成本大約兩千日圓，我以三千五百日圓出售，成績還算不錯。之後有許多同學開始模仿我，在校外訂做書包到學校販賣，引發不少買賣糾紛。後來學校為了解決問題，才改為由校方發售統一的樣式。

我從這一次經驗中建立高度的自信，在未經開發的領域中，自己還是能夠有所成就。

從小眾利基市場中發展出獨特興趣

建議各位在找工作時，也應盡量往「小眾利基市場」發展。

查閱「新鮮人熱門企業」，你會發現前幾名永遠都是那幾家公司，但是其實愈熱門的企業，競爭對手就愈多，自然較不容易脫穎而出。

在投資開發時，請務必留意較少人做的主題、不起眼的小事，以及未經開發的領域，這些都是不為人知的「好康」。

世界上還有許多未知與驚豔的事物等你發掘，如果能在「小眾利基市場」中找到屬於自己的樂趣，肯定能做出一番事業。

重點提示

想做出成果，就必須尋找自己「有興趣」的「不起眼」主題。

「興趣」與「實力」的交會點

「想做」是一回事，但問題是你做得到嗎？

在「小眾利基市場」裡發現自己有興趣的事物後，下一步就必須分析「可行性」。

尤其是運用「三個月時間術」追求目標時，除了「想不想做」以外，「做不做得到」也非常重要。

舉棒球這個較極端的例子來說，假設你喜歡棒球，也無法立刻成為職業棒球選手，姑且不論棒球是極受歡迎的主流運動，競爭對手本來就很多，要是你沒有一定的天資，就算再怎麼努力也沒用。

愈偏向大眾的領域，「興趣」愈無法與「實力」有所交集。

探索自身喜好與可行的事物

該如何在不起眼的領域中，找到自己有興趣又做得到的主題呢？事實上，freee就是很好的例子，也是因為這個原因，freee的使用率才能在短時間內飆漲，榮登日本銷售冠軍寶座。

前文曾提及，在Google執行中小企業的行銷案時，我發現日本的中小企業不但創業率低，網路技術也非常落後。這讓我感到非常不安，進而想要做一些什麼來改善現況，而這就是我開發freee的原始動機。

當時日本的雲端網路尚未普及，不過我知道雲端是新時代潮流，這股潮流總有一天也會席捲全日本。我在二〇〇八年進入Google工作時，Google的工具都已經雲端化了，讓我更感受到雲端功能的便利。

累積各種相關經驗後，我更確信「雲端會計」這個想法是可行的，我一定能運用網際網路，開發出簡單又便利的會計系統。這項開發對社會具有極大的意義，也激發出我想付諸實行的念頭。

確認實力，培養能力

「興趣」有了，那麼「實力」呢？大學在Interscope實習時，我曾自行撰寫程式，在Albert也見識過「傳統會計作業」是多麼沒有效率。在這些經驗的幫助下，我相信自己有能力開發出會計系統。

傳統會計人員必須將單據的數字逐一輸入電腦，再將單據貼在帳本上，經過多次確認後，有時還要印出檔案數據，將上面的數字再次輸入電腦。站在工程師的角度來看，我認為這樣的流程太過繁複，應該設法簡化「對照」程序，並且減少「確認」的次數。

思考一番後，我發現只要將兩者與電腦科技結合，就可以達到目標。這麼一來，我**「想做的事」便升級成「能做到的事」**。此外，當時沒有其他公司以中小企業為對象發展這個領域，這套系統正好能夠滿足小眾需求，對我而言，這是可遇而不可求的大好機會。

找到「興趣」和「實力」的交會點後，我的自信心因而大增，相信自己一定能開發出這套系統，改變小企業的根本。**「會計系統」聽起來或許有點「鳥」，但我相信這隻「鳥」，最後一定能飛上枝頭當鳳凰。**

擴展視野，開創新選項

如何找到自己有興趣又做得到的主題呢？建議各位可以勇於從事各種挑戰，有些事物乍看之下是在繞遠路，實際上卻是成功的捷徑，幫助我們擴展視野、發現世上的問題，開創自己的可能性。

建議各位應不斷尋找「興趣」，培養「實力」，如此一來，才能為人生增加選項，找到「興趣」與「實力」的交會點。

重點提示

勇於挑戰新事物，積極拓展新選擇。

沒有做過，不代表你做不到

面對新的挑戰，不要猶豫，做就對了！

我們公司裡什麼樣的人都有，他們之間唯一的共通點就是「絕對不會因為沒有做過，就認為自己做不到」。

公司的業務內容可以說是相當多元自由，程式設計師對客戶是有求必應，業務人員也經常提出新的開發企劃案。

我不會特別規範他們的工作內容，他們想做什麼就做什麼，唯一的要求就是「對自己的提案必須負責到底」。這樣的公司風氣容易刺激創新，員工每天都非常期待遇見新的自己。

假設有員工感到迷惘、不知道該做什麼，我一定會對他說：「做什麼都好，去做就對了！」畢竟**「興趣始於偶然」**，不試試看又怎麼知道行不行得通呢？

建議各位不要拘泥於單一事物，應該多方挑戰，設法累積各種經驗。切記，「先搶先贏」，愈是沒有人做的事，愈能搶得先機。

很多事情做了之後，才能明白個中滋味，進而找到能夠獨力解決的問題，並且從中發現別人不懂的樂趣。

多方嘗試，也勇敢地「半途而廢」

以前在念書時，我經常游手好閒。同學看我每天閒來無事，便邀請我加入合唱團。當時我對唱歌一點興趣都沒有，但是心想人生難得有機會可以加入合唱團，何不嘗試看看呢？於是便一口答應，成為合唱團裡的男高音。

開始練唱後，我發現合唱其實還挺好玩的。撇開唱歌技巧不談，合唱團的一切既新鮮又有趣，令我大開眼界。

於是，我又多了一個興趣，累積一些經驗值，拓展一些可能性。從此以後，我做決定時再也不猶豫，想做就做，想停就停。

我們的社會非常注重「持之以恆」，比方說，國中、高中時要加入社團活動很簡單，要中途退出卻很難。但是我認為針對「累積人生經驗」這一點而言，「堅持」並非唯一選擇，只要能夠勇於挑戰、拓展視野，半途而廢也沒有什麼好撻伐的。

累積經驗就不算白費

在某些情況下，「三個月計畫」只要點到為止就好。很多人在計畫告一個階段後仍不願放手，他們的想法很簡單：「我已經付出那麼多的心力和時間，就這樣結束豈不是太可惜了？」

但是在我看來，**「三個月時間術」的重點不在於「持續」，而是在於「經驗值」的累積。**

你所付出的心力和時間已經化為自身的「經驗值」與「實力」，並未付諸流水，並非白白浪費。

以前我到瑞典讀大學時，發現歐洲人對任何事物都勇於嘗試，音樂、運動樣樣都會，令我深感佩服。我想，這應該是教育上的差異。相較於「從一而終」，廣泛累積各種經驗更能豐富人生。

日本社會將「持之以恆」視為美德，大多人認為「持續」才能成事，喜不喜歡倒是其次。然而在我看來，這樣才是在浪費心力與時間。有些時候，太過專注於某件事反而不是好事。

重點提示

太過投入「缺乏可能性」的事物，反而是在浪費人生。

向Google學習如何「unlearn」

「Google是一家與眾不同的公司，我們非常看重unlearn。」

這是我剛進入Google時，同事與主管對我說的第一句話。**這裡的unlearn，是指「跳脫世俗框架思考」。**

一般公司都有規定的決策方式和預算審核期，大多數的外商都會訂定一套流程與規則，每個人都很清楚自己握有多少決策權。

但是，當時的Google並沒有這樣的體制，我們沒有特定的匯報對象，大家都是「自己愛怎麼做就怎麼做」。

如果你的企劃可以獨力完成，這會是非常輕鬆的工作環境；但是如果需要他人協助，那就麻煩了。不說別的，首先你根本不知道該找誰幫忙，所以公司裡經常亂成一團。

我們不知道團隊有多少預算，所以經常莫名其妙就把錢花光了。為了要在這樣的混亂中生存，Google員工當然要「跳脫世俗框架思考」。

突破舊有思維，跳脫慣性思考

一般企業會明確給出預算額度，假設公司要給A兩百萬日圓的預算，A就可以預先規劃要怎麼「有效運用」這筆經費。看到這裡，應該有不少人滿頭問號，畢竟沒有具體的預算數字，要怎麼規劃執行過程？沒有訂立明確的規則，如果A和B說的不一樣，又該聽誰的呢？

很多人對這樣的「混亂」備感壓力，但是對創意鬼才而言，「混亂」反而是非常舒適的工作環境，因為他們本來就習慣跳脫框架思考。

待在Google的那段期間，我見過不少這樣的例子。很多創意鬼才提出「不尋常」的想法後，無論要花費多少經費、付出多少人力，都能確實執行。

改變想法，走出舒適圈

Google裡有很多擁有博士學位的學術界菁英，這些專家在公司裡備受尊敬。

如果你調查得不夠徹底，就提出半調子的提案，他們會立刻提出質疑，像是：「這些數據是怎麼來的？」他們非常注重「證據」，如果你提出的證據不夠有力，讓人覺得你不夠謹慎，在公司就會失去信用。

一般公司的邏輯在Google是行不通的，就算你要求上司利用職權幫你「疏通」關係，也無法解決任何問題。

當時Google之所以會拋棄所有世俗框架，是為了讓人與組織發揮最大的力量。唯有改變想法，才能在商場上存活。如果不跳脫舒適圈，放膽去做，又怎麼能成就大事呢？

unlearn不只適用於Google，**在挑戰新事物又或是遇到難題時，請試著打破常規思考，這麼一來，肯定能在重重困境中締造佳績。**

重點提示

善用「打破框架」的力量。

用「真價值法則」當判斷基準

「這是最佳解決方案嗎？這麼做真的有價值嗎？」

在執行「三個月時間術」時，只要腦海中出現新想法，我都會這麼詢問自己，藉此開發出更強而有力的主題。

freee公司所訂定的員工「行動指南」，其中一個判斷基準便是「真價值法則」。要推出任何功能或服務前，都要捫心自問：「真正的問題是什麼？最佳解決方案為何？」如果做這件事在本質上對使用者是有價值、有意義的，就一定要堅信自己的想法，克服一切困難，執行到底。

為什麼要訂立「真價值法則」呢？因為人類經常忽略事情的本質。

真價值才能突破盲點

在開發出freee這套雲端會計系統前，市面上的會計軟體只在意輸入數據的速度。每每我和其他人聊起這套系統時，大家的反應都是：「我覺得現在的會計軟體就很好了啊！」「我需要能夠加快輸入速度的會計軟體」。

再加上當時會計軟體已經將近三十年毫無改變，其他人聽到我要開發雲端會計軟體都相當反對，紛紛勸我說：「凡事要三思而後行。」「你要不要開發現行會計軟體的輔助工具就好了？」我知道這是一個劃時代的研發專案，也知道這是解決現行會計作業問題的最佳對策，無奈就是無法獲得其他人的支持。說實話，這讓我感到相當沮喪，甚至有些不安。

但我追求的不是「加快輸入速度」，而是「不用人力輸入」、「電腦自動輸入」。

當時我已掌握到測試數據，如果能將輸入作業自動化，freee的處理速度將會比傳統軟體快上五十倍。這讓我確信這套軟體具有極大的意義與價值，所以無論其他人再怎麼不看好，都堅持要開發到底。

在周遭眾人的否定下，我萌生「半自暴自棄」的念頭：「既然大部分的人都不懂這套軟體的好，我們只要盡力滿足少部分人的需求即可。」

然而 freee 推出後，在市場上引發爆炸性迴響，受歡迎的程度遠遠超出我們當初的想像。freee 成為社群網站上的熱門話題，不少使用者都大呼：「我等這種功能等很久了！」當時因為一下子湧入太多的使用者，導致我們的伺服器一度癱瘓，不得不暫停服務。

社群傳播引爆革新旋風

我們幾乎沒有宣傳，然而在社群網站的口耳相傳之下，freee 才上市兩個月，就已擁有超過四千四百間辦公室的使用者。

如果我當初「聽信」其他人的話，只開發能夠加快輸入速度的軟體，又會發生什麼事呢？這麼做雖然能解決小問題，卻會錯過一場大創新。freee的出現，讓中小企業的會計作業成功進入自動化時代，由此可見，**顧客的意見對「功能改善」非常重要，但是在「功能革新」方面卻不能對顧客言聽計從。**

這一次的經驗告訴我「真價值」的重要性。使用者的意見不能照單全收，即便其他人不看好你，也不要妥協讓步，唯有堅持信念，才能追求創新。別人的不看好，正是你進入小眾市場的入口。

「真價值」不只是freee的判斷基準，更是人生的萬用指南針。如果你有想要追求的目標，又或是想要推出與眾不同的新產品，請務必詢問自己以下的問題：「這是最佳解決方案嗎？這麼做真的有價值嗎？」**如果答案是肯定的，就無須在乎其他人怎麼想，放膽追求自己的信念。**

重點提示

相信自己所認同的「最佳解決對策」。

創新常常只是重新排列組合

「創新其實很簡單。」這是我大學到Interscope實習時，總經理的口頭禪。

他常說：「就算不是天才也可以創新。只要將兩個理所當然的東西加以結合，就是一種創新。」不知不覺中，這句話已經深植我的腦海。

我在Interscope實習時，曾幫公司處理定價事宜。當時我為了調查價格，閱讀一本市場調查的教學書籍。

那是一本翻譯著作，裡面有兩頁在介紹「傾向分數配對法」（Propensity Score Matching, PSM）這個行銷界慣用的市場調查法。然而，該書只說這個方法可分析出產品或服務的最佳定價，卻沒有說明這個方法的邏輯、為什麼可以分析出最佳定價，讓我不由得滿頭問號。

隔天，我向總經理請教這件事。總經理趁機給了我一項功課：「你何不自己試著分析看看，找出其中的邏輯呢？」當時我剛剛開發出一個數據整理程式，正好閒來無事，便欣然接受這個任務。

在「創新其實很簡單」這句話的影響下，我的心態相當樂觀積極，相信自己一定可以輕鬆完成這個任務。自己的問題就自己解決，既然書上沒有寫清楚，我就自己想辦法搞懂。

為什麼這麼多的書都在介紹「傾向分數配對法」？為了「追本溯源」，我查閱不少原文書與文獻，而後才注意到很多原文書都介紹了它的分析邏輯，但是日文版卻沒有翻譯。

我還發現，有些和定價相關的調查法單獨使用並不怎麼起眼，但是和「傾向分數配對法」配合後卻有著意想不到的效果。經過這麼「改良」後，更能說明分析法的邏輯問題，不再讓人摸不著頭緒。

說是「改良」，其實不過是把「傾向分數配對法」和另外兩個調查法合而為一罷了。但是，如果我沒有閱讀大量的原文文獻，從「源頭」

開始追溯，就無法釐清「傾向分數配對法」的出發點，進而設計出新的分析法。

之後我將這個改良的分析方法寫成論文，雖然只是將方法組合在一起使用，但還是相當受到好評。該論文不但通過日本行銷學會的審查，刊登在頗具權威性的行銷期刊上，還被不少市場調查的相關論文引用作為參考文獻。

著眼簡單的組合，就能激發創新

「創新其實很簡單」，我想那位總經理想說的是，創新並非天才的專利。我們應該盡量投入別人不太思考的事，只要能不怕困難、化難為易，人人都能引發創新。總經理的這句話深深影響了我，「創新不難」的想法也在我的腦海中根深柢固。

看到這裡，一定有人心想：「只是將A和B組合起來就是創新？未免太膚淺了吧！」但是其實仔細想想，你會發現，「網際網路×書店＝亞馬遜（Amazon）」、「智慧型手機×計程車＝Uber」，**很多創新都源於簡單的組合**。

我們公司的雲端會計軟體freee，不也來自於「網際網路×會計系統」的簡單想法嗎？如果我不斷告訴自己，創新很困難、創新是天才的專利，恐怕freee早就胎死腹中了。

其實，「創新」就在你的身邊！世上永遠不缺有趣的點子，**重點在於你是否能夠肯定自己的想法，燃起「改變世界」的鬥志，全心投入執行。**

重點提示

新概念往往來自於舊事物的「組合」。

每三個月更新一次「任務主題」

「三個月」是需要層層堆疊、不斷累積的。

創立freee這家公司後，我的「三個月法則」開始出現些許變化。我之所以會創立freee，是為了「讓中小型創投企業的人可以專心從事創新工作」，為了完成這個使命，只努力三個月是不夠的，必須計畫更長遠的目標。

二〇一二年七月成立freee後，我的第一個「三個月任務」是「盡速開發出雲端會計系統」。

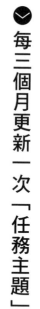

然而，我卻沒有好好利用這段時間。創業之後，我突然多出很多的時間，在「求好心切」的驅使下，老是三心二意，覺得這個不太好、那個也有改進的空間，所以進度非常緩慢，甚至經常「砍掉重練」。

自己當老闆後，很多事情都變得沒有「期限」，沒有人批評你，也沒有人催促你。剛剛進入這樣的新環境，我有三個月的時間都沉浸在「創業成功」的喜悅當中，只是不斷在原地踏步。

我是七月創業，等回過神時，外頭已是秋風蕭瑟。我和幾個夥伴才開始著急，趕緊加快開發的速度。

現在回頭想想，當時救了我們的，正是我在Google學到的「三個月循環」，也就是**迅速行動，先做出第一步成果**，再針對使用者的意見進行改善，提高完成度。

第一個三個月我過得非常痛苦，卻也獲益良多。既然有了前車之鑑，我就不能再重蹈覆轍。

於是，我立刻訂下第二個「三個月任務」：「不再猶豫不決，全力投入開發」。我們一開始設定的目標客群是自僱人士，所以預計要在二月中旬的報稅季開放系統。

雖然我們抱著必死的決心，也做了最大的努力，但還是未能趕上報稅季。我對此感到悔恨萬分，為什麼我們的動作不快一點呢？如果我們能夠提早一個月開發完畢，就可以在報稅季前推出新功能了！

為了一雪前恥，我決定在二〇一三年的申報截止日，也就是三月十九日前推出新系統，這已經是我對自己的最大讓步，只許成功，不許失敗。

即使目標遠大，仍要按部就班才能實現

雲端會計系統freee初版上市後，使用者的反應極佳。我們第三個「三個月任務」，就是「廣納使用者意見，推出更完善的系統功能」。

此外，我們也訂出新的方向主題：「參加創新創業競賽（Pitch Contest）。」每年都有許多剛起步的公司參加「創新創業競賽」，在會中報告自己公司的產品或服務，提供大會評比優劣。最後，我們在五月贏得該賽大獎，成功打開知名度，並於七月募集到兩億七千萬日圓的高

額資金。

雖然freee這套系統開創了會計新時代，但就現實面而言，卻還是有很多中小企業不知道這套系統。為了釐清原因，我將下一個「三個月任務」訂為「提升freee雲端會計系統的知名度」。

看到這裡你發現了嗎？**當你決定全心投入某個主題時，每三個月任務就會「自動更新」一次。**

即使你的最終目標很遠大，只要每三個月更新一次短期任務，就能按部就班地接近終點，永遠沒有玩膩的一天。

重點提示

想要成功達成長期大目標，就必須每三個月更新一次小主題。

03

如何訂立三個月的「目標」？

理想驅動法則

避免「結果型目標」，採用「行動型目標」

你做的事具有足夠的「衝擊性」嗎？

你做的事足以解決世上的「問題」嗎？

唯有「故事」才能打動人心

陷入迷惘時，就回到原點

理想驅動法則

凡事應以「理想」為出發點。

很多人做事是以「能力範圍」為出發點，先思考有多少資源，再決定做多少事。

但我認為，這其實是一種本末倒置。我們應該要先思考「想做什麼」，再計算需要多少人力和金錢，這是因為**如果先盤點手上的資源，能做的事情將會變得很有限。**

我們的freee有一套「理想驅動法則」。在做任何事之前，我們都會先問自己：「為了達到理想的狀態，我需要哪些資源？」「理想驅動法則」和「真價值法則」都是freee的行事圭臬，對我們有相當大的幫助。

前面提及，當初我決定要開發freee這套系統時，很多人都勸我放棄。他們說會計軟體已有三十年沒有變化，我又不是會計專家，怎麼可能開發出會計系統，引發創新革命？不過，我們並沒有因為這些閒言閒語而放棄，因為著眼的並不是眼前的困難，而是未來的理想。

剛剛創立公司時，第一任務就是盡速開發系統。為了達成這個目標，最理想的狀態就是「公司的所有成員（加上身為老闆的我，一共三人）都當工程師」。

公司的技術長——橫路本來就是工程師，但是他從未設計過網頁，所以開發得非常辛苦。

另一名成員——平栗的經歷更是和「寫程式」完全不相關，他原本是法學院出身，考了三次司法考試都名落孫山，當了一陣子的「無業遊民」後才加入。如果我們是以「能力範圍」為出發點思考，平栗就只能在辦公室倒茶水，或是擔任公司的法務顧問，又怎麼可能當工程師呢？

但是，我們必須以最快的速度寫好程式，想要完成這項任務，就不能浪費任何一分戰力，所有人都必須「下海」當工程師。於是，平栗為了學會寫程式，每天「埋頭苦讀」。你猜怎麼了？他雖然是法律人出身，最後卻成為開發部門的最高負責人。

拒絕自我設限

「理想」和「真價值」是freee股份有限公司最優先的考量，這是我們最大的強項，也是我最引以為傲的精神支柱。在這兩個理念的支持下，我們從草創時期就不斷挑戰各種事物。

一般公司都是以「能力範圍」為第一考量，像是「我能有什麼貢獻？」「我能做到什麼？」但是我認為，**根本無須用「做不做得到」來局限自己，這麼做只是在畫地自限。**

也許你會說這是一個非常重視經驗的社會，我們很難以「理想」為出發點。但是請你想想，你身邊有沒有每天把「我以前工作都怎麼樣」掛在嘴邊，做事毫無新意，只肯依循「過往經驗」的人呢？事實上，很多人都習慣依循「經驗」思考事物，覺得自己沒有經驗就做不到，導致不斷在原地踏步。這些人如果想要繼續前進、有所成就，就應該先把經驗談擺在一邊，**思考「如何填補理想的缺口」**。

從理想出發，而不是落入空想

當然，在現實社會中，我們有很多的不得已，也必須經常讓步妥協。但是即便如此，**還是要養成「以理想為出發點思考」的習慣，千萬不要畫地自限**。我們應該設法突破思考框架，試著拓展視野，了解「理想」與「現實」之間的差異，努力讓自己更靠近理想一步。

只要這麼做，你會發現自己能做的事情變多了，人生也充滿很多的可能。培養小習慣，改變大未來，準備好做出成果，為世界投下震撼彈了嗎？

重點提示

最先要考量的不是「現實」，而是「理想」。

避免「結果型目標」，採用「行動型目標」

在設定目標時，請不要設定自己「無法掌控」的目標。

無法掌握主導權的感覺並不好受，既然設定了目標，就一定要達成目標。因此，請務必將目標設定在「掌控範圍」內。

假設某業務員將本月業績訂為「一百萬日圓」，會發生什麼事呢？

如果他能獨力操作所有影響業績的因素，這樣的設定當然沒有問題。然而，大部分的業績主導權是掌握在客戶的手上，業務員能掌控的部分有限。**在這樣的情況下，業務員就像無頭蒼蠅，只能到處橫衝直撞，無法規劃完整的對策。**

此外，無法掌控目標容易讓人焦慮，覺得自己什麼事情都做不好，進而心生放棄的念頭。失去自信不但會讓人悶悶不樂，還會降低專注力，影響工作效率。

建議各位在設定目標時，應該盡量避免「業績一百萬日圓」這種「結果型目標」，而是訂定自己一定做得到的「行動型目標」，像是「拜訪二十名以上客戶」、「改善推銷方式」等。

以「方法」、「技巧」作為目標重點，才能排定事情的優先順序，訂出具體的行動策略。

設定目標的技巧

同樣的道理，也能運用在「學習」上。

在設定目標時，**應明確訂出「做什麼」和「做到什麼程度」**。以學習英文為例，請不要訂定「可以用英文與人交談」這種含糊的目標。雖然就結果而言，這個目標是好的，但是太過含糊的目標容易讓人迷失方向。

很多學英文的人會以多益（TOEIC）的分數為目標，像是「六百分」、「七百分」等。乍看之下，「分數」是具體目標，但卻是屬於無法掌控全局的「結果型目標」。我們無法保證自己一定能拿高分，也不確定「多益六百分」的英文到底達到何種程度，在這樣的情況下，當然無法確實朝著目標邁進。

在此建議大家，如果你想要多益拿六百分，請訂定「自己可以百分之百掌控」的目標，像是「把某本書上的單字全部背起來」、「背熟三本題庫」等。有了明確的行動目標，才能夠付諸實行。

假設你的目標是「背熟三本題庫」，即可規劃出明確的讀書計畫：「距離考試還有三個月，所以一個月必須背完一本」→「每天要背十頁」→「只背一次容易忘記，最好能每天複習」→「一個月後再重新複習一次，背三次應該就能背熟了」→「將複習過仍寫錯的題目抄起來，考前兩週再複習一次」。

訂好計畫表後，只要集中精神、按表操課即可，進度落後也能馬上發現，即時補救。

當然，你還是要有明確的「結果型目標」，但是為了達成「結果型目標」，必須先訂出自己能夠掌控的「行動型目標」。

重點提示

先有行動，才有結果。

你做的事具有足夠的「衝擊性」嗎？

常有人問我：「你為什麼要離開Google？」最主要的原因是：「我想要開發freee，實現雲端會計系統的構想。」進入Google後，我發現日本所有的產業應該都能透過網際網路、人工智慧等科技「更新升級」。隨著我在Google待的日子愈長，這樣的想法也愈來愈強烈。

但是，以前從未想過自行設立公司的我，為什麼會毅然決然地離開Google創業呢？經過一番左思右想，我得到了這樣的答案。

「失敗也無所謂，我想要自己作主，為世界做出偉大的貢獻。」在我看來，創業失敗並不會成為人生汙點，反而有加分的效果。也正是因為我從不害怕失敗，才能下定決心挑戰各種事物。

即使失敗，也要昂首面對

在Google的那段日子，我深受公司風氣的影響，從事各式各樣的挑戰。Google這家公司對世界有非常大的貢獻，才剛剛進入Google，我就覺得很有成就感，也正是因為如此，當時我最喜歡的事就是上班。不過，正因為Google是一個大型組織，更讓我感覺到個人貢獻的渺小。

就在這時候，我注意到企業對「會計系統」的需求。如果能運用人工智慧、雲端功能等最新技術開發出高科技會計軟體，一定能在世界投下一顆震撼彈。一想到自己可能打破長久以來被視為「理所當然」的舊有認知，我就感到興奮不已。

以前大家都說日本中小企業守舊，要引進新科技相當困難。我心想，如果能將會計業務與網際網路、人工智慧結合，讓大家了解科技的簡易和便利，中小企業一定能敞開心胸，接受科技的洗禮。

此外，因為尚未有人開發這個領域，我覺得意義特別重大。即便沒有成功，我在過程中學到的一切也足以對社會造成重大影響。

經過一番思考後，我認為「創業」是最能貢獻社會，也是我最能接受的方式。於是我毅然決然地離開Google，成立freee股份有限公司，作為邁向目標的第一步。

懷抱使命感，為社會做出貢獻

大概是因為受到我的影響，freee股份有限公司在評鑑人事時也非常要求對社會的「衝擊性」。公司內部設有「衝擊性考核制度」，用以評鑑員工做出什麼樣的成果，他的成果對社會是否具有衝擊性等。

一般公司在設定目標時，都非常重視營業額等具體數字。但是對freee股份有限公司而言，數字並非唯一的重點。當然，我們的事業部也有設定數字目標，不過在進行人事評鑑時，最注重的還是成果的「衝擊性」。

我們不能因為被數字蒙蔽，而忽略了原本最重要的目的。在這個科技日新月異的社會，我們想要盡快為日本創投企業提供最新的科技服務，幫助它們擺脫「後勤作業」的沉重負擔，將時間投注在「創造」與「創新」上。

同樣的道理不只適用於公司，也適用於個人，**想要提升創新品質，請務必以「衝擊性」作為長期目標的考量。**

重點提示

以「對世界有所貢獻」作為長期目標。

你做的事足以解決世上的「問題」嗎？

許多Google菁英都非常熱衷於「讓世界變得更美好」。

每逢週五下午，Google辦公室都會舉辦「TGIF派對」。TGIF是「Thank God, It's Friday.」的縮寫，意思是「感謝老天，今天是星期五。」藉以感恩一週工作順利結束，並慰勞員工的辛勞。

在TGIF派對上，大家總是你一言、我一語地聊著「如何讓世界變得更美好」、「如何解決社會問題」等話題。記得有一次，有一個人說起他到社福機構參觀、看到什麼樣的問題，因此覺得Google應該開發什麼功能，才能幫助更多的人。這個話題在派對上引發熱烈討論。雖然TGIF派對是提供員工放鬆的場合，但是他們就連這種時候都非常認真討論著能讓世界更美好的方法。

Google員工總是不吝分享自己注意到的問題，在討論這類話題時，大家都相當投入，並且積極提出自己的意見。東日本大地震期間，Google的工程師花費一個晚上的時間寫出避難所導航程式，並且設計成非智慧型手機也能使用。他們自動自發地撰寫各種程式，幫忙解決災區的問題。受到Google風氣的洗禮，我也相當熱衷於「讓世界變得更美好」。

freee股份有限公司裡也有非常多關懷世界的人，像是有位員工就曾主動為公益團體開發特別核款項目的對應程式。

思考能帶來長久樂趣的課題更具意義

我在Google的主管是一個荷蘭人，他因為擔心日本人的工時太長，所以放了我一個月的長假。

這段長假讓我發現，投身解決世界上的問題，不但可以為社會帶來巨大衝擊，還有助於保持高昂鬥志，讓人不斷進步前行。

開始放假後，我面對的第一個問題，就是「這一個月要做什麼」，畢竟沒人有閒情陪我玩整整一個月。經過一番掙扎後，我決定到澳洲的高爾夫學校磨練球技。

聽起來是不是既悠閒又愜意呢？每天不是練習高爾夫球，就是吃飯、睡覺。然而，我才過三天就受不了了。打高爾夫球固然有趣，還可以設定目標，精進球技，但是三天已經是極限了，我無法再過這種「放縱生活」。

因為吃吃喝喝、打高爾夫球的這種生活，對世界沒有一點貢獻。「獨樂樂」讓我感到相當厭倦，甚至覺得自己像是一隻米蟲。這段日子讓我確信，**吃喝玩樂只能得到瞬間的喜悅，認真為世人解決問題才能帶來長久的樂趣**。

你可能會說：「悠哉過生活又怎麼樣？又不會有生命危險。」然而，正是因為我們活在這個時代，才更要設定遠大的目標，如果不清楚

「為何而做」，又怎麼知道自己「為何而活」呢？

貢獻社會無須害怕失敗，因為即便失敗也能提供世人借鏡，讓他們知道「這麼做不會成功」。只要你肯做，就絕對不會沒有意義。**「貢獻社會，解決問題」不僅是為了世人，也是為了自己**，在「使命感」的催化下，你一定能毫無畏懼地勇往直前。

重點提示

投身解決世界問題，隨時保持高昂鬥志。

唯有「故事」才能打動人心

「募資高手」、「徵才達人」個個都是「說故事高手」，這是我長期觀察得到的結果，而且沒有任何例外。

很多人習慣用數字說服別人，像是「市場規模有多大」、「單價是多少」、「可以賺多少錢」。然而，Google和博報堂的「說服高手」卻不是用「數字」打動人心，而是用一個有主題、有目標的完整故事，也正是因為如此，他們總能成功招攬到預算與人才。

這些人提出的企劃背後，通常具有非常強大的動機。他們說話簡潔明瞭，從不拖泥帶水，用問題意識帶出明確的主題與目標，然後**講述一個完整的「故事」，告訴對方這麼做就能改變世界，讓世界變得更有趣。**他們口若懸河，總能成功激發對方「決一死戰」的鬥志，讓對方下定決心：「既然這麼做能夠改變世界，就算再困難，我也要努力實現！」

用打動人心的故事引人入勝

Google設有非商業營利團隊，專門運用科技解決社會上的問題。與該團隊一起工作時，我發現他們都是能言善道的說話高手。

有一次，他們向我解釋團隊對於災害預測、災情資訊傳遞的看法，並且提出預想的解決方案。至今我仍記得當時受到的震撼，他們一字一句講到我的心坎裡，讓我聽得熱血沸騰，想要為這個世界出一點力。聽完後，我立刻答應協助他們與政府機關牽線。

一個好的「故事」可以成功襯托出計畫的主題與內容，進而吸引資金和人才進駐。

放眼世界，你會發現如今「人才」比「錢財」更珍貴。錢賺多了會有剩餘，人才卻只有那幾個。在這個時代想要推出衝擊世界的大型企劃，你一定要有足以說服人的「故事」，才能吸引人才為你做事。

就現在的世界潮流而言，「做什麼事」比「賺多少錢」更重要。用

「金錢」作為徵才條件，已經不足以打動人心。

想要在今後的商場叱咤風雲，「故事」將會變得愈來愈重要，光靠數字已經無法影響他人。我成立freee股份有限公司時，什麼資源都沒有，但是卻能在五年內發展為擁有超過三百名員工的優質公司，這就是因為我們擁有精彩的任務與堅定的使命——「讓中小型創投企業的人可以專心從事創新工作」。

具吸引力故事的三大要點

一個好的「故事」，必須能得到所有人的認同，達到「眾望所歸」的效果。如何才能構想出具有吸引力的「故事」呢？你必須仔細思考以下三點：

- **對象是誰？想做什麼？**

・**實現目標後會發生什麼事？**

・**具有什麼樣的意義與價值？**

重點在於讓人明白：「做這件事非常值得。」設法引發對方共鳴。如果你想做大事、為這個世界帶來更多衝擊，請務必仔細構思「故事」，讓人心甘情願地為你做事。

重點提示

身處於這個時代，必須學習如何打動人心。

陷入迷惘時，就回到原點

人類的「感覺」是很容易改變的。

我本身也是容易燃起熱情，又很容易冷卻的人，但是「感覺」變了這件事，只要是人都會發生，也不是一件壞事。話雖如此，當你在三個月中專心致力於同一個主題時，仍須對自身的狀況稍加留心。

因為**如果沒有確實留意自己「正在改變心意」，當你注意到時早就輕易地受到周遭影響，並且隨波逐流了。**

「為什麼我會改變心意？」「這種心境的轉變是好是壞？」「心境轉變的結果，會導致目前進行中的主題也有一併改變的必要嗎？」抑或「果然貫徹到底是最好的嗎？」等，你必須對自己的心境，逐次、逐項進行冷靜的評估判斷。如果沒有隨時意識到自己的「心意改變」，就很容易在無意識的情況下被感覺牽著鼻子走。

如果你沒有堅定自我的軸心，在遇到撞牆期時，明明是再稍微努力一下就能跨越的障礙，卻會因為想著「果然還是辦不到」而氣餒，或是因為一時迷惘就改變前進的方向。這不只是時間與精力的浪費，最重要的是你摧毀自己已經萌芽的可能性，實在相當可惜。

莫忘初心，堅定初衷

當你產生迷惘、感覺氣餒時，請先回想自己想做什麼、應該做什麼，回歸初心，讓故事的原點成為你的判斷依據。找回冷靜的自我，因為那將是協助你進行合理判斷的重要基礎。特別是在最終目標仍遙不可及時，**你的故事將成為堅定自我的強力主軸**。

例如，在打造 freee 雲端會計系統時，我的故事是這麼寫的：

我希望藉由導入科技並活用網際網路，為中小企業達成會計工作的自動化與效率化。

↓

如果能達成這個目標，就可以改變中小企業的工作方式，同時為工作者創造出發揮創意的時間。

↓

這將會強化日本的小型企業，也會讓更多人願意挑戰經營小型企業。

雲端會計系統freee還在開發階段時，我聽取很多周遭的意見，想著：「到底要怎麼做，使用者才會贊同這項服務？」「這項服務真的會被使用者接受嗎？」我曾有過一段非常迷惘的時期。

但是，**多虧擁有讓我相信「自己現在正在做的事本質上具有價值」的主題、目標及故事，自然就能逐漸看清當時應該致力的事項，以及要如何進行下一個步驟**，才得以毫不動搖地向前邁進，直到最後一刻。

掌握自己的判斷基準，堅定前進的步伐

「你想對誰做什麼？」「實現那個目標後會發生什麼事？」「對你來說有什麼意義？」這些問題的答案，將成為你在決策時的明確判斷基準。

如果你確實掌握自己的判斷基準，即使途中稍有迷惑，也能不受小事動搖，一步步朝著目標邁進。

這不僅限於創業，也適用所有正在追逐夢想與目標的人們。我常說：「迷失時，就回到原點。」你的故事正是必須回歸的「原點」，**當你遭遇撞牆期時，只要回想自己描繪的故事，就能從中看出「意義」**。

看看那些正朝著目標堅定邁進的人，就知道他們一定擁有一個故事，隨時提醒自己：「沒錯，這麼做絕對有意義！」

重點提示

為了在三個月內不動搖、堅持努力，故事將會成為你信賴的依據。

04

找出三個月的「時間小偷」

準備專屬的「決策範本」
判斷哪些事項可以「效率化」
在乎他人看法反而剝奪你的時間
確認使用時間的方式，能否帶來雙贏
只要「寫清楚」就能更快取得共識
電子郵件的「分類」相當關鍵
別被行政庶務的充實感誤導
割捨感受不到樂趣的工作

準備專屬的「決策範本」

不要事事思考、事事煩惱。

一天裡會讓你猶豫「要怎麼辦」的狀況意外地多，甚至連午餐要吃便利商店裡哪種便當這麼簡單的事，都到了要一一煩惱的地步。猶豫不決的「怎麼辦」，與決策的機會總是一併找上門。因此，我設定了**「如果這件事發生，就這麼做」這種能夠立刻決斷的「範本」，降低猶豫不決的次數。**

要預先「準備決策範本」，特別是在創業後，我開始意識到這一點。不用煩惱不必要的事，同時仍然能讓工作持續、順利地進行，這是非常重要的發想。例如，人們在討論事情時，會根據談話內容進行分級：「那件事由自己決定就好」、「這件事要讓該團隊確認，沒有問題就繼續進行」、「這是一個難題，要召集這些成員開會，並在會議上決定」，諸如此類，將決策的「場合」一一分類。

大多數時候，只要心中有一套自己的標準，就能據此逐一思考判斷，但是如果類似的討論不斷發生，不妨直接以此為基準，明文規定即可。

當然，如果從上到下都規則化，可能會導致公司產生像是大企業或官僚文化的現象，因此可以針對討論次數非常多的狀況加以明文規定，沒那麼多的狀況就可以在腦海中設定基準，或是簡單宣告要如何判斷，如果具有這樣的彈性將會是一大優點。

分享思考方式，不再孤軍奮戰

透過這種方式，我才意識到我正在試圖增加「不由自己決策的事」。意識到這一點的契機是在創業後，當公司員工增加到三十人左右時，我實際感受到「如果自己處理所有的決策，反而會讓效率惡化」的那一刻。

隨著公司規模更加壯大，一個人能處理的範圍也漸漸受限，因此如果我逐一決策，生產力降低的情況將會變得更顯著。

例如，「雖然不是很了解，但是因為已經決定，所以就先這麼做了」，就算出現採用這種方式工作的人也不意外。「總而言之，不是很明瞭情況就執行了，結果完全沒有得到預期的成果。」事若至此，生產力將會明顯下降。

事情究竟為什麼要這樣進行，就連實際執行者本身也不清楚。為了避免這種狀況，就要把決策背後依據的「思考方式」，在進行決策前確實與所有的成員分享且達成共識，這是務必貫徹到底的步驟。

不光是「結果」，只要做到所有人共享「思考方式」，就算我不在，公司也能持續運作，管理者也不需要進行鉅細靡遺的進度管理。同時，也節省說明決策事項的脈絡和背景的時間。最重要的是，由於工作中的每個人都能帶著認同進行工作，生產力也會大幅提升。

例如，我在小孩出生時請了育嬰假，在育嬰假期間，幾乎沒有和任何員工進行工作上的討論，只是專注育兒，這都要歸功於建立了上述機制。因為組織本身擁有決策的「範本」，並且分享「思考方式」的關係，我也能安心離開工作崗位。就個人的立場來說，我甚至覺得再休更長一點的假期也沒問題。

無論是個人或組織，建立減少決策次數的「範本」無疑可以節省時間，同時降低猶豫不決的次數。就結果來說，建立範本能成為順利推動各項事務的得力助手。

重點提示

只要「做決定」的機會變少，猶豫的次數也會減少。

判斷哪些事項可以「效率化」

任何事項都有能夠提高效率的部分，以及無法提高效率的部分。

因此，**哪些事項不需要花費時間和勞力？哪些事項就算花費時間與勞力也在所不惜？判斷出這一點將會非常重要。**

freee股份有限公司以提供雲端會計服務起家，專注致力於提升後台營運的效率，這一點也可以說是公司的強項，最終目標是希望能專注於將後台相關的所有業務「效率化」，成為中小企業和自僱工作者的後盾。

如此一來，因為公司的願景與任務都相當明確，我也經常被認為是「效率至上者」。的確，我討厭所有效率低落的事，也經常從各個角度思考「是不是還有提高效率的可能」，不過把所有事情等量齊觀是行不通的。

例如，**人與人之間的溝通效率就很難提升**，因此我認為經營人際關係時，投入一定的時間是必須的。對此務必投入相應的時間和金錢，那樣才是合理的做法。況且如果能建立對工作有幫助的良好人際關係，就結果來說也能提高工作生產力。

利用個人介紹卡片加強印象

Google在團隊建立（team building）上投入鉅資，與其說這是Google的企業哲學，倒不如說只是一個合理的判斷。無論是把下班後和職場工作夥伴聚餐化為可以輕鬆參與的公司活動，還是以「滑雪之旅」的名義讓各團隊一起旅行，都是為了達成「團隊建立」這個明確的目的而舉辦。

Google確實意識到建立人脈的重要性，因此藉由合理行動來確認如何讓工作更順利進行。這些或許可以單純歸因於日本文化和歐美文化不同，因此對社交行為的思考模式也有不同看法。但是，考慮到「工作順利程度」，我認為無論對哪一個國家而言，團隊建立都是相當合理又重要的一項投資，不是嗎？

目前freee股份有限公司有三百五十名以上的員工，每個月仍在增加中。我打算記住所有的員工，就像要和所有員工建立連結一樣，我有意識地創造與他們接觸的機會。

例如，針對轉職到公司的員工，我會在他們上班第一天先製作「自我介紹卡片」，然後請對方在這張卡片上，寫下上一份工作的工作內容、目前在公司內擔任的職位、有什麼目標、興趣及座右銘等資訊，然後連同個人照片，製作成足以理解該員工「個人特質」的資料。

這份個人檔案可以用電腦或手機隨時瀏覽，包括我在內的所有公司員工，平常都會經常觀看這些個人介紹卡片。因此，見面時不但很容易就能想起「原來是那個人」，和他人閒聊也會變得更有話題，這張介紹卡片建立了這樣的機制，並且發揮作用。

投入時間建立人脈，提升工作生產力

隨著科技進步，現在我們擁有許多便利的數位工具，應該也有不少工具針對人際關係這類無法效率化的項目，設計類似「介紹卡片」這種功能，來提高部分效率與生產力。

新進員工寫好卡片後，會由我親自進行六十分鐘的訓練。我在訓練時會直接向新進員工傳達員工的任務、價值標準等構成企業DNA的部分。公司每個月都會進行上述活動，也會陸續舉辦聯歡會，至少創造三次見到該位員工的機會，好讓自己記住對方。

此外，公司一年還會舉辦好幾次員工集訓或旅遊活動，都是為了要能記住員工。我認為這也是投資的一環，因為這讓人與人之間更容易產生連結，無疑也會提升工作生產力。

重要的是，在體認到並非所有事項都能效率化後，不要忘記思考能夠合理提高生產力的方法。

重點提示

想要建立人際關係，時間的投資也是必要的。

在乎他人看法反而剝奪你的時間

「對方會怎麼想呢？」

太在意對方的想法，會導致生產力大幅下降。「我如果這麼說，那個人會怎麼想？」無論是誰都會或多或少地在意他人的想法。但是，**各位務必確實體認到一項事實，就是「在乎他人的看法將會奪走你的時間」**。

「希望他人看到自己好的一面，認為自己是一個好人」這種心情太強烈時，會導致自己開始虛張聲勢或太過客氣。如此一來，你會被奪走多餘的時間和勞力，變得沒有生產力，我認為這樣非常可惜。

回覆日常信件時也一樣，「如果不立刻回覆，（對方）會不會在意？」或是「這麼寫的話，（對方）會怎麼想？」等，只要開始在乎對方的想法不光是會沒完沒了，考慮得愈多，也會花費愈多的時間。

因此，我從不在回信上花費太多時間，與其擔心回覆時間或內容長短，更傾向以寫信當下的心情來決定，即使是寫拒絕信，也會像這樣回覆：「訊息雖然很簡短，但是在寫信的當下，我真的覺得很抱歉。」──傳送！

說到虛張聲勢，在我的經驗裡就是小學的家長觀摩日，雖然我本來就非常討厭徒具形式的事物，但只是為了家長觀摩，讓孩子清理平常根本不打掃的地方、大人特地裝扮，超出教學參觀這個原本目的而做出這些矯飾行為，實在讓我覺得相當反感，因為「家長觀摩的目的明明是讓父母參觀孩子平時的學習狀況，這麼一來，不就反而無法看到了嗎？」這種做法實在很不對勁。

不過度客氣，反而創造大加分

無論是太過客氣，還是虛張聲勢，都同樣讓我覺得相當可惜。例如，當我還是公司員工時，很擅長對付年長的高層。記得當時的自己不知為何總是相當受到這些人賞識，我想恐怕是因為自己幾乎不和他們客氣的緣故。並非自誇，我曾經神氣活現、毫不客氣地對他們說：「再多做一些類似這樣的事不是更好嗎？」

在大公司裡，對年長又擁有極大頭銜的那些人來說，當然無法聽到周遭直率的意見，而且年輕人也不太與他們交談，因此我當時的態度或許非常罕見。

但是從我的立場出發，我要說的是只要這件事在本質上是好的，高層的想法並沒有那麼重要，因此才能毫不客氣地發言，不過大多數人應該會因為顧慮自己的立場而什麼也不說（或說不出口）。

「什麼也不說」並不代表「沒有想法，所以什麼也不說」，我認為

「深思熟慮後決定不說」的狀況一定也有很多，但是那就表示你「（花時間）深思熟慮後，（因為太過客氣）最後決定不說」，這樣不僅沒有生產力，而且真的非常可惜。

況且在我的經驗中，愈有實力的人就愈能帶給我「這個人能率直地提出看法，他很好相處」的好感，「不要太客氣」反而大大加分。

擺脫別人的目光，把時間用在更具創造性的事

藉由擺脫那個在意他人目光的自己，減少因此浪費的時間，反而能創造出新的時間，然後如果你能把時間花在真正想做的事，便可以熱衷於學習，也能挑戰嶄新的、更困難的事物，這麼一來，你孕育的成果將會帶來更大的影響。

擺脫在意他人眼光的自己，對某些人來說可能相當困難。但是，如果你不脫離那樣的自己，可能產生不必要的壓力，還可能因為這股壓力

而動彈不得。

只要你能下定決心「不虛張聲勢」、「不要在意太多」，就能採取更合理的發言與行動。如果你能把時間用在更具創造性的事物上，這三個月的挑戰一定會變得更愉快。

重點提示

太過在乎對方，會導致彼此的生產力下降。

確認使用時間的方式，能否帶來雙贏

「你認為理所當然的行動，真的能為彼此帶來雙贏嗎？」

電子郵件、會議或約會等，是否有你平常沒有深入思考卻一直按照形式進行的事？如果答案是肯定的，最好回頭審視自己，再次確認這些行動是否有效益，**因為這些你從來沒有多想的行動，很可能奪走對方重要的時間。**

在日本，非常習慣「見面問候」和「見面說明」，然而這些行為真的能讓對方感受到你的誠意嗎？時至今日，人們開始質疑這些行為的「生產力」。

我聽說經常有日本企業家為了進行禮貌拜訪，在試圖約見矽谷的海外創業家時，發生讓對方感到困擾或憤怒的狀況。如果是幾乎已經成為觀光景點的大型企業，當然歡迎任何人參訪，但如果只是剛起步的小型新創企業，當然沒有餘裕，也看不出特地花費雙方時間「問候一下」的意義。

若是矽谷的企業主動要求安排時間會面，至少必須為對方準備伴手禮等等，不是嗎？我認為如果是單純占用對方的時間進行拜訪，為了補償對方的損失，就必須提供足以彌補對方的事物。

珍惜彼此的時間，不浪費在無意義的事

在Google的企業文化中，明文規定在認定出席會議沒有意義後，可以直接取消該會議，即使在會議中，如果發現自己不需要出席，也有直接離席的權利。

可能因為公司有很多學術界出身的人，他們也會清楚表達「與其浪費時間，不如把時間花費在處理附加價值高的事情上」。如果是像「問他就會知道」這樣的事，即使你問了也不一定會得到答案，因為當你詢

問某人某件事時，通常只會在對話框裡收到一個連結，意思是「閱讀連結裡的檔案後就會明白了」。

這是因為與其讓他人反覆說明同樣的事，不如自己讀懂來得更快、更有效率，只要習慣這樣的方式，就能珍惜彼此的時間。我認為從這個層面上來說，這確實是相當合理、良好的思考模式。

即使是依據潛規則或禮貌而傳送的電子郵件，最好還是帶著這種意識再次檢視較好。即使是一封問候的電子郵件，如果能帶著「這是為了節省雙方的時間」的想法而寄出，也可能發生比想像中更具生產力的結果。

例如，最近有一位過去曾照顧我，但是一段時間沒見面的人成為話題焦點，於是我藉機寄送電子郵件給對方，順道報告近況。

雖然曾和對方約好要找時間見面聊聊，但是考慮到見面與安排行程所花費的時間，我認為用電子郵件的方式對自己和對方來說都格外省時，因此並未選擇相約見面。

況且如果我寄出一封「久違的問候」，相信對方也一定會閱讀內容，於是我寄出了一封濃縮了事業與私人近況的電子郵件。

這麼一來，對方不只會回信，還會提出與工作相關的提案：「讓我們一起來試試這件事吧！」之後我只要回覆「我會和某人商量看看」，事情就會循序漸進地發展。我認為這不只會為彼此帶來雙贏，也是真正流暢的應對。

為了創造良好的人際關係，必須投資一定的時間，但是完全不需要拘泥於形式。**「這樣使用時間，會為彼此帶來雙贏嗎？」「會不會反而浪費彼此的時間？」你只要抱持著這樣的想法行動，生產力也會自然提高。**

重點提示

徒具形式卻沒有效率的事情是毫無意義的。

只要「寫清楚」就能更快取得共識

正確、易於理解並緊湊地書寫你要表達的內容。

這件事看似理所當然，我卻認為這其實是一種技能，根據每個人能力的不同，將會產生巨大的差異。特別是電子郵件，通常大家都是在沒有時間的狀況下讀取，因此對方是否讀到最後？是否毫無誤解地傳達意思？是否從頭讀過一次就理解意思？為了達成這些目的，必須下足功夫。

Google相當重視「書寫郵件的能力」，這也與工程師的特有文化有關，因為在這個環境中，就算詢問「要怎麼做」也沒有人會教你，只會回覆你相關報導的連結，因此是否能簡單並具體地表達問題的意思，就成為生死攸關的難題。

再加上同事所在的工作地點大多身處遙遠的彼端，類似日本與舊金山或日本與倫敦這樣的距離，因此即使「以容易理解的表達方式書寫電子郵件」是這麼理所當然的事，對員工來說也成為相當重要的技能之一。

此外，只要一進入Google，就會收到「一進公司就要閱讀」的連結大全，其中包含被視為範本的過往郵件與備忘錄實例。看完後就能清楚了解，在Google這家公司裡，「書寫郵件的能力」顯然被視為相當重要的技能。

言簡意賅，避免詞不達意

「這段文字是否清楚好懂？讀到的人是否能據此展開行動？」能夠確實意識到這些事並寫出郵件的人，應該就是溝通能力非常高的人才。

這些人的郵件特徵就像新聞一樣，首先從郵件主旨就能立刻看出內容，只要閱讀一開始的幾行字，就能明確掌握信件所要傳達的重點。

說到郵件主旨，只要上面寫著「Action Required」（請務必進行），收件者就不得不開啟這封郵件。「希望你能協助這件事」、「請務必馬上閱讀」、「收到後請盡快處理」，諸如此類，把對方的行動直接寫在主旨上的郵件，能夠提高對方開啟郵件的機率。

另外，直接以相當吸引他人目光的成果作為郵件主旨也是很好的做法，除了可以讓所有人得知該成果外，這類具有衝擊性的內容通常相當容易得到大多數人的回應，例如，「恭喜」、「好厲害」等。所以，你的郵件會漸漸出現在收件匣最上方的位置。這麼一來，不需要閱讀這封郵件的人也會因為討論熱烈而開始留意，本來不需要閱讀這封郵件的人最後也會開啟瀏覽。

順帶一提，以下例子是會讓我不由自主開啟郵件閱讀的主旨一覽：

- 【協助確認】正在考慮將freee軟體的年終調整／法定申報書的

功能開放給法人使用

- 拜訪某公司時聽到讓人想哭的消息
- 我要改姓
- 針對freee的五個回饋
- 用某種功能用到吐血的人，麻煩回覆意見
- 給其實對目前的商品策略抱持不安的你

所有的標題都有一個共通點，就是一看主旨即可知道郵件的重點，進而讓人想要閱讀郵件內容。在一般狀況下，相當氾濫的郵件主旨如「關於企劃書」或「感謝」，在Google或freee股份有限公司裡很難讓人開啟閱讀。

另外，即使郵件被開啟，對方也在搞不清楚結論的狀況下讀完整封

郵件，最後結果卻是「沒有獲得預算」，這種只能算是很遺憾的搞笑事件，並不在討論範圍內。事實上，對方很可能不願意從頭讀到尾，這類郵件也無法取得周遭的信賴。

正是因為你每天都理所當然地使用電子郵件，所以或許並不那麼重視書寫方式的優劣，但是**「讀完能夠瞬間理解的簡潔文章」會成為非常強大的武器**。如果你希望對多數人發揮影響力，最好不要藐視「郵件力」。

重點提示

「讓人光看一眼就能理解」是你的強力武器。

電子郵件的「分類」相當關鍵

我的信箱裡，每天會收到上千封電子郵件。**如何處理這些郵件，對我一整天的生產力高低影響甚鉅**。坦白說，我根本就無法逐一開啟、檢視這些郵件。即使已經篩選出該讀的郵件，一封封開啟觀看，不只做不了原本應該進行的工作，還會耽誤既定行程。

因此，為了妥善分類，並且有效率地閱讀郵件，就需要一套個人化的規則或巧思。

我會運用電子郵件信箱的功能設定，或是以主旨來為郵件分類，所以最終歸類為「要讀」的郵件，每天會篩選到只剩下一百封左右。

而這些歸類為「要讀」的郵件，其實我也不是都會在當天開啟，而是只會從中挑出「必須馬上看的郵件」和「必須馬上看完回信的郵件」，留在收件匣裡。

至於其他那些不需立即處理的郵件，就留著當作「待讀郵件」，不會在收信當天就開啟閱讀。

為了做出上述這些分類，我每天要先一鼓作氣，快速檢視近千封郵件的主旨。對我來說，快速瀏覽郵件主旨就像在新幹線上觀看電子顯示看板的新聞標題一樣，就算有上千封也不至於造成太大的負擔。

很多郵件都是只看主旨就知道結論，讓人心裡嘀咕著「原來有這些事」，然後就會列入「不開啟」、「顯然不看也無妨」的類別，接著俐落刪除。

在確認郵件主旨的過程中，不時會出現一些我有興趣，「想更進一步了解詳情」的郵件。如果主旨真的非常令人好奇，有時候也會立刻開啟閱讀。不過，隨興地開啟閱讀，導致後續行程延誤的風險也會隨之提高，因此我總會隨時提醒自己，盡可能地專注在「分類」這項工作上。

善用過濾功能，明確區分閱讀與否的郵件

附帶介紹一下，只要充分運用電子郵件信箱的過濾功能，就能把那些已經知道「與當天工作無關」的郵件，自動納入其他分類的收件匣裡，而不是全部收到同一個收件匣。

舉例來說，我收到的電子郵件中，有很多是發給我隸屬的團體，而不是針對我個人。有些團體的信件內容和我幾乎沒有直接關係，只是寄給我參考而已，諸如此類的資訊就會把它們分類到專用的收件匣。

因為知道每個團體在自己心中的重要性，所以被納入該收件匣的信，我只要看一眼主旨，就能立刻判斷這封信「該讀」或「不讀」。如此一來，郵件分類的工作就能進行得更迅速。

刪除無須開啟的郵件，再將「待讀郵件」全部封存，收件匣裡自然

只會剩下「必須馬上看的郵件」和「必須馬上看完回信的郵件」；換言之，留在收件匣裡的這些郵件可以發揮「待辦清單」的功能。

能整理到這個地步，接著只需要按照「清單」所列，把該做的事一一解決。這一連串的分類流程，我通常會在進公司後的三十分鐘內處理完畢。

至於「待讀郵件」的部分，則會在週日晚上空出一到兩小時的時間，一次開啟這一週累積的份量，這是在Google任職時就養成的習慣。

在週末挪出這段時間，平日就能用最低限度的時間來處理電子郵件。不過，在孩子出生，我也請了育嬰假後，平日和週末的工作與生活時間劃分得更明確，最近我在週末空出來讀信的時間，已經變得比以前更短了。

正是因為我們每天都要用到電子郵件，所以花點巧思擬訂出提升效率的規則，並且從平時就調整自己的做法，便能創造出更多的時間，讓

我們專注在原本該處理或更具創造力的工作上。

重點提示

擬訂機制，讓自己專注在當天「該做的事情」上。

別被行政庶務的充實感誤導

明明有好多事想做，偏偏時間就是不夠！

而且眼前總有做不完的行政庶務，不知道何年何月才能開始做那些真正想做的事，有這種感受的人**可能已經落入行政庶務所製造的充實錯覺中。**

以往我還是學生時，曾在補習班打工，當年專心批改一堆考卷，讓人大感痛快的感受，至今仍記憶猶新。只不過當年的我還不太明白，自己究竟為什麼會大感痛快。

後來進入企業實習，從事數據資料的分析工作時才終於恍然大悟。當年我實習的那個職場，雖然有很多工作都已經推行自動化，但還是有很多要仰賴人力、重複性高的作業，還曾有人說：「其實這樣一直製作圖表、確認數字的簡單業務，做起來還滿痛快的。」

當下我並不明白對方的意思，然而仔細想想，我也認同或許行政庶務的確會讓人覺得做起來很痛快。

你是否曾有這樣的經驗？心無旁騖地做了近兩小時的行政庶務，回過神時才發現：「哇，竟然做了這麼多！」連自己都大吃一驚；換言之，因為這些工作讓人清楚看到進度，而且無須動腦思考就能不斷看到成果，所以行政庶務做起來才會讓人感到暢快，我因而明白究竟是怎麼一回事。

舉凡持續整理Excel表單格式、製作統計圖表，或是看問卷裡的自由填寫欄位並加以分類等，這些重複的慣例工作，只要一股腦兒做著就能看到處理了多少進度，所以才會讓人大感痛快。

回覆電子郵件也一樣，當我們俐落地處理一封封郵件，收件匣裡的郵件就會愈來愈少，因此才會讓人覺得痛快。

行政庶務本身並沒有太多的創造力，生產力也不高，卻能帶給人莫名的成就感，所以讓人做起來感覺暢快。也正是因為如此，我們在處理行政庶務時，總是在回過神後才發現時間轉眼便飛快流逝。

別讓行政庶務遮蔽了真實的目標

這或許只是一件芝麻小事，但對當年的我來說卻是一項重大發現。在發覺行政庶務這種「無須動腦思考就能不斷看到進度的事，原來會讓人感到暢快」後，改變了我對工作的態度。

平靜淡然地輸入眼前的發票單據、辦理費用核銷等作業，在當下的確會比絞盡腦汁地想著企劃案，更讓人感到暢快。可是相形之下，構思能產生新價值的企劃，生產力顯然更高。

因此，**必須很清楚地意識到：行政庶務「雖然讓人感到充實，但是生產力卻很低」**，否則就會在尚未察覺時，不斷揮霍許多時間。

工作上總會有些非得立刻回覆的信件，因此行政庶務在所難免，況且處理這些工作，說不定很適合用來提神醒腦、轉換心情。然而，倘若行政庶務真的浪費時間，耽誤了我們真正想做的事，就可以透過提高意識來減少浪費；反之，要是沒有隨時意識到這一點，就會虛擲寶貴光陰。

我會選擇在週日晚間挪出一段時間，瀏覽一週累積的郵件，平時則專心應付「必須立即處理的事項」，這也是因為意識到**我們必須清楚了解哪些時候該把時間花在生產力高的事情，哪些時候則要平靜淡然地處理例行公事，並且妥善分配時間，而不是把各種工作混在一起，拖拖拉拉地進行。**

如果不盡量有效率地處理完行政庶務，每天的時間就會不斷被剝奪。愈是「被眼前的事追著跑，把時間都用光」的人，不妨試著用更嚴謹的態度來面對行政庶務。如此一來，想必就能從中找到重要的線索，為自己真正想做的事創造更多時間。

重點提示

別落入低生產力的「行政庶務」所製造的充實錯覺中。

割捨感受不到樂趣的工作

事情做得不開心，就難持之以恆；無法持之以恆，就看不到成果。

自己實際做了之後開心與否，也是一件很重要的事，和設定任務主題是一樣的。尤其是當事情的最終目標非常遙遠時，如果先做了三個月，卻還是找不到樂趣，無法樂在其中，有時也要懂得適時割捨。

當年我會決定辭去廣告公司的工作，轉換跑道，原因就在這裡，因為那些堪稱「這才是廣告公司該做的工作」，也就是和廣告製作相關的業務，我都很難樂在其中。

舉例來說，當年在廣告公司任職時的我，做得最開心的工作是用量化方式鉅細靡遺地檢驗「一家店要投資多少錢，才能回收多少」。因為當時這個專案就是要確實分析「行銷投資」，也就是廣告以外的投資成效，就某種含義上來說，其實也是在否定我們自己賴以為生的商業模式。

在最重要的廣告製作業務方面，我實際做過後就知道自己興趣缺缺。很多在廣告公司任職的人都喜歡廣告，即使自己不是負責創意發想，也會強烈地主張：「這個想法如何？」「這個廣告要是能再這樣修改就更好了。」「這句廣告詞如何？」等，並且很享受討論的過程。

如今的時代或許早已不同以往，但是在廣告製作的世界裡，要打造一個廣告企劃總要花費很長的時間討論。記得應該是我剛進公司第一年的事吧！某次企劃會議上，大家在討論「這一次的廣告適合採用哪一位藝人」。其實我並沒有特別的想法，但是因為意見分歧，後來所有與會者都要輪流發表看法，說明自己支持哪一個方案。當時我真的很苦惱，也察覺到我是真心覺得「隨便選哪一個方案都好」，但是我又發現現場沒有任何人像自己一樣冷眼旁觀。

尋找自己感覺到樂趣的方向

就如同「知之者不如好之者，好之者不如樂之者」這句話所說的，樂在廣告之中的人就會有很多的想法，對工作也很有熱情，還能敏銳地察覺到細微的差異，而結果就是卓越的工作表現。當年在廣告公司的新進員工訓練，我至今仍然記憶猶新，其中印象最深刻的就是文案創作的訓練。

在這項訓練中，新人被賦予的任務是要在一週內針對某項商品構思文案，數量愈多愈好。對我來說，當然是一個痛苦無比的訓練，但是這項訓練至今仍然讓我非常受用，得以明白原來「提出很多想法」是一種技能。體悟到這一點後，再來只要養成這種習慣，自然就能學會這種技能。它不僅在廣告業適用，在構思各種企劃時也能派上用場。

如果能有這種體悟，再加上「懂得享受廣告製作樂趣」的才華，不就能催生出優秀的廣告作品嗎？然而，我個人更樂於思考「如何打造更出色的中小企業」、「如何讓眾人從困難、麻煩、辛苦的事情裡得到解脫」等問題。在這個領域裡，要我提出再多的想法都不以為苦。

堅持到底，樂此不疲

因此，**倘若各位對於自己目前致力推動的任務主題無法樂在其中，我認為還是要適時割捨，重新找尋能讓自己樂在其中的事（也就是能發揮個人才華的事）才是上策**，或許過往累積的技能在不同領域也能派上用場。

提到「割捨」，其實我在創業初期也是如此。早在創業之初，我就一直向夥伴表示，如果做一年半還看不到任何機會，我們就收攤別做了。

不過，我對於推出freee這套雲端會計系統一直躍躍欲試，也有自信能在看不到成果的初期階段裡繼續堅持，並且享受創業過程，於是就毫不猶豫地向前邁進。後來愈做愈開心，才能這樣一路堅持到今天。

所謂的「才華」，就是能堅持不輟地做一件事，並且樂在其中。至於會對什麼事感覺有樂趣，這一點則是因人而異。當我們猶豫該朝著目標繼續向前邁進或是該選擇割捨時，「樂趣」會是一個判斷的標準。

> **重點提示**
> 持續與否的標準，在於自己能否樂在其中。

05

提高三個月生產力的行程規劃

與其「多工」，不如「單攻」
已經決定的計畫就不再延宕
讓你做得快樂長久的工作節奏
用「不做的事」當成篩選標準
促進「深入思考」的關鍵三小時
每週兩次透過「閱讀時間」進行心靈運動
通勤時間也是生產時間
用明確的「行動階段」當成你的導航
把工具的數量減到最低
預留「垃圾桶時間」，因應突發狀況
計畫要時時「複習」

與其「多工」，不如「單攻」

要盡量避免同時多工。

我認為這是讓專案確實向前邁進的重點之一，尤其如果要在三個月內拿出成果，每天當然就要投入相當的時間；如果是需要高強度思考的工作，或是要創造出新價值的任務，更是不在話下。

因此專注在一個主題上，有效地運用時間，盡量避免同時多工，就顯得更重要了，況且若無法盡量專心處理同一件事，就很難提升工作效益。

舉例來說，當我們想在工作上同時執行好幾個主題時，很可能會拿其他專案當作藉口，到頭來每項專案都會在原地踏步。

假設同時有三個專案要進行，我們可能就會有「來做A專案吧！不，今天狀態不好，還是處理B專案吧！不過仔細想想，還是先著手

C專案好了」的念頭，導致時間平白浪費，最後「每件事都做得不專心」。再者，人們很容易為了自己的不作為找藉口，各位或許要有這樣的認知，明白人類本來就是這麼懶惰。

萬一真的必須同時多工進行好幾個主題時，就要設法讓自己不要淪落到「因為A專案太忙，所以無法處理B專案」的狀況。為此，我們需要一些能幫助自己專心處理「今天該做的事」的巧思，例如，擬訂詳細的計畫，或是設定一些里程碑來確認專案進度等。

做完一件事，再做下一件

我個人也盡可能採用「做完一件事，再做下一件」的做法，一天的時間安排運用也遵循同樣的道理。例如，「每三十分鐘檢查一次電子郵件後，再回頭處理原本的業務」就會打斷專注力，導致效率變差，因此我並沒有這種習慣。

為了避免行程切割得太過零碎，因而無法專注在一件事，我們要以一小時或兩小時等較完整的時間來安排行程，並在每個時段中盡量專心處理該時段的既定工作。**一旦排定時間如何運用，就不輕言更動，是提高個人生產力的關鍵。**

此外，工作時間長短固然要視任務內容而定，但是基本上全心面對，做事的效益絕對無可比擬，畢竟找空檔兼著做的事，到頭來往往會做得隨便且馬虎。

從剖析「這個主題是否可以讓我持續努力三個月，並且樂在其中？」的觀點來看，每週是否花費一半以上的時間在該工作上是一個指標。就我以往的經驗而言，如果工作期間是三個月，每週至少要在這項工作上花費十五個小時，才足以驗證自己究竟是想要繼續，還是要就此收手。

若是自己好不容易下定決心擬訂的主題，卻無法每週花費一半以上的時間處理，或甚至連想花費一半時間的意願都沒有，建議你最好要有自覺，明白這個主題在心中的優先順序已經降低了。苟且隨便的工作態度，到頭來無論結果好壞，都不足以作為下一次的參考。

盡量排除「例外」

尤其是為了要創造新價值，或是培養堪稱一流的技能，而花費三個月的時間靜心努力更是如此。此時就用不著再區分哪些日子做或不做，而是必須把該項任務化為自己的「習慣」，盡可能每天努力耕耘。

雖然每件事一定都有例外，但是一談例外恐怕就會沒完沒了。因此，重要的是盡量排除例外，讓自己維持一定的工作節奏。

當初我把雲端會計系統freee這個構想化為具體產品的三個月，其實也是如此。我利用在Google上班前後的時間，每天大概花費八個小時處理這件事。在正式創業後，除了有一段迷惘的時期外，每天都會花費大約十五個小時寫程式，足不出戶持續近九個月（三個月乘以三）。

若是你有很堅強的意志，認為自己「就是想把這個專案做出來」，就請先挪出完整的時間，專心一意地努力。

重點提示

找空檔兼著做的事，到頭來往往會做得隨便或馬虎。

已經決定的計畫就不再延宕

既然決定了，就不能讓計畫延宕。

這是我平時就很堅持的一個理念。在學校或公司裡，總會有人為我們設定工作期限，並加以管理；而創業也是如此，如果沒有人負責管理進度，就更要嚴謹地按照計畫進行，否則就會延宕到天荒地老。

話雖如此，但是總不免會有無心工作時，這時候該怎麼辦呢？我認為**「如果自己不把事情做好，就會給別人添麻煩」，因此會要求自己凡事依照計畫進度執行，以免耽誤別人。**

例如，對自己施壓，告訴自己「要是這個行程來不及完成，就得取消另一個行程」，也不失為一個方法。總之，就是像這樣，盡可能讓自己凡事都依照既定行程進行。

儘管壓力有很多不同的形式，但是對我來說，「不能為別人添麻煩」最具鞭策效果，尤其是在處理一些強制力較弱的主題或事務時，就算延宕也不一定會直接造成別人的困擾，更不會被人打屁股，既然不影響別人，就很容易會對自己太過寬容。

正因如此，**所以我在安排行程時，都會對自己施加「只要有任何延宕，終究會為某些人添麻煩」的壓力**，並且刻意不留任何緩衝時間。因為在行程裡預留緩衝時間，到頭來一定都會動用到才能完成預定計畫。

在freee股份有限公司裡，包括我在內的全體員工都會向全公司公布自己的行程；換言之，只要是公司同仁都可以自由瀏覽其他人的行程計畫。這種開放行程供人瀏覽的做法，就像是在「昭告天下」，也是一種適度的壓力，鞭策我們「計畫不能延宕」。

營造專心致志、積極努力的工作氛圍

當我們想認真做某件事時，營造出能讓人專心致志、積極努力的氛圍也很重要。記得當年我剛創業時，夥伴們每天都聚集在我家一起開發雲端會計系統。早上全員到齊後，大家會先凝聚共識，確定「今天該做什麼事，要做到什麼程度」，再一起努力達成。看到大家拚命衝刺的模樣，每個人都會拿出幹勁。此外，還會自然而然地營造出一種氛圍：只要有人沒跟上進度，其他人就會主動伸出援手。

我想這應該也是「萬一自己的計畫延宕，會為別人添麻煩」的適度壓力，在彼此身上發酵的結果，如果當初各自在家工作，說不定早就在中途鬆懈了。

就「不延宕計畫，以免為旁人添麻煩」這層含義而言，其實也在提醒自己，不能讓別人白忙一場。

舉例來說，隨著公司規模擴大，當我隨興所至地信口開河時，影響的層面就會愈來愈廣，甚至可能會對大家造成計畫外的工作負擔。因此，如果在開會時有話想說，有時我會選擇先閉口不言，放在心裡沉澱一下，或是寫在筆記本上稍微醞釀。

不讓社群網站占據過多的時間

此外，**對於那些容易讓人沉迷其中而延宕計畫的社群網站，我也會刻意保留一些不連線的時間，瀏覽也絕不超過自己規定的頻率。**目前我大概一天會看兩、三次，每次時間約十到二十分鐘。

因為在意身旁親朋好友的動態而瀏覽社群網站，其實並不是壞事，但是連上社群網站的時間和次數一多，就會忽略原本該做的下一件事，或是把前面所想的事忘得一乾二淨，打亂自己的節奏。尤其是在動腦思考時更會特別留意，要求自己遠離社群網站。

在自我施壓，要求自己不得延宕計畫的同時，開心享受工作也很重要。**基本上，自己安排的計畫都是主動、積極的，所以一點一滴地完成這些計畫，應該是很過癮的事。**只要能在心裡養成「準時完成表定行程令人神清氣爽」的觀念，為了做真正想做的事而嚴加管理自己拼湊出來的時間，應該也能變成一樁樂事。

重點提示

不預留緩衝時間，給自己適度的壓力。

讓你做得快樂長久的工作節奏

留意工作節奏，排除疲勞和不規律，才能持之以恆。

我在Google的三個月，負責將雲端會計系統freee想法具體化的那段期間，忙得不亦樂乎。

雖然每天忙到凌晨一點，早上六點起床，但醒來時總是覺得神清氣爽，晚上六點從Google下班後，仍然很開心地繼續工作，興奮不已。

當人熱衷於一件事時，就會像這樣不惜犧牲睡眠。我因為很希望完成雲端會計系統，所以即使超過凌晨一點，還是不想停下來。在精神如此亢奮的狀態下，很容易過度投入，超出負荷，也正因為如此，懂得不要熬夜埋頭苦幹也非常重要。

持續工作卻忽略休息的情況下，疲憊就會打亂所有的節奏。硬撐幾天或一週也許沒問題，但是生活步調缺乏穩定與規律，會導致身心失衡，無法持之以恆。

最重要的是，不要過度勉強自己。在一定期間內從事某項工作時，應該盡量不要浪費精力，並且避免各方面分配不均。我在研發雲端會計系統 freee 時，反而很注重「強化睡眠品質，保持穩定步調」。

維持自己的步調，專心做好一件事

為了在三個月內做出一定的成果，要有充足的時間，集中精神工作。但三個月是一段不短的時間單位，因此必須認真思考工作節奏，才不會累壞自己。所以，我們應該按照適當的步調，安排工作行程表，避免生活亂了節奏。

例如，**將工作行程排得較不緊湊就是方法之一**。辦不到的事，就不要排入行程內；也就是無法排進行事曆的工作，就不能認定自己「做得到」。過度緊湊的行程表會導致負荷超載，打亂節奏。

一旦如此，原本熱衷的事情也會因為被時間追趕而形成極大的心理壓力。工作進度落後，也可能造成別人的困擾。明明做著自己喜歡的事，生活卻瀰漫著悲壯感，這樣就本末倒置了。

確實維持一定的生活節奏之所以重要，是因為除了不會增加身體負荷，也不會造成太大的精神壓力。

藉由跑步時整理內心思緒

保持一定節奏、持之以恆的道理，其實和跑步頗為類似。我每週固定跑步一次，不僅是為了健康，也視之為鍛鍊精神和心靈的方法，以冥想的感覺持續這項運動。跑步時可以整理內心的困惑和煩惱，複雜的思緒也會變得簡單。

我每次大概跑五至十公里，而且很注重要保持一定的速度，跑步速度的重點在於，心率不超過「一百八十減去自己的年齡」。我跑步時會穿戴測量心率的電子裝置，所以知道其實很難遵守上述標準，只要速度稍快一些，就會超過標準心率。

更重要的是，當我放慢速度，以舒適的步調跑步時，反而從心裡感受到「原來跑步可以讓人心情如此愉悅」，因而跑得更久、更遠。

我也是以相同的心態在三個月內專心致力一件事，就像「工作到凌晨一點的話，一定要休息到早上六點」，**安排好自己的生活節奏後，就會努力遵守**。如此一來，也能培養專注力和毅力，讓自己用三個月專心做好一件事。

重點提示

小心過度投入，累壞自己。

用「不做的事」當成篩選標準

先決定「不做的事」，而非「應做的事」。

我在為未來三個月的工作排定優先順序時，非常注重這一點。我習慣先決定哪些事情「不做」，例如「這三個月停止這項工作」、「不碰這個類別」、「不出席這類會議」、「把這些工作交辦下去」等。

從創業之初，我就相當重視這個原則。擔任實習生與員工時，我所扮演的角色和職責有一定的範圍，但是經營一家公司後，各方面大大小小的事都必須由我決定，說得誇張一點，就是什麼事都要花時間處理。

因此如果不事先決定好事情的優先順序，在有限的二十四小時內，工作量很容易超出負荷，工作完全無法有任何進展，所以必須設定一個明確的「標準」，決定哪些工作由自己來處理，又有哪些工作不處理。

以「不做的事」作為標準篩選工作，就能減少大量「現在不做也沒

差」的工作。如此一來，自然而然就能知道哪些事情「必須立即動手做又非做不可」，並把這類較優先的工作排入行程中。

另外，像收信、回信、出席重要會議等很明顯一定要自己處理的例行公事，就不必特地分類到「要做的工作」裡。決定步調，設定工作的優先順序，與睡眠時間同等重要。

想要不被時間追著跑，從容不迫地做事，**重點就在於盡量減少「非做不可的事情」**。此外，決定好三個月的任務主題後，我也會將優先程度高的事排入行程空檔。

假設「建立團隊的信賴關係」是最優先的任務主題，我會安排每週一次與團隊成員聚餐；或是如果想要針對企業研發新的服務，就會定期安排與潛在客戶會面或面對面訪談。

以三個月為工作單位時，也未必只能做一件事，可以按照任務主題，視狀況彈性決定哪些「非做不可的事」具有必要性。

運用「目標和關鍵成果法」管理工作績效

不只是我個人，就freee股份有限公司的企業經營上，我也**運用目標和關鍵成果法（Objectives and Key Results, OKR）來管理「未來三個月的工作優先順序」**。例如，一月至三月、四月至六月，設定每一季的ＯＫＲ，決定優先順序，也會根據進度來調整三個月後的計畫和團隊組成。

所謂的ＯＫＲ，是設定Objective（目的與大目標），並訂定量化的Key Results（關鍵成果），來檢視上述關鍵成果的執行進度或是否有達成目標。例如，假設Objective是「出版一本對世界有用的書籍」，Key Results就可以訂為「在幾月前寫好三十頁的文章，請身邊的朋友試閱，內容至少要讓六成的人覺得值得參考」，努力達成目標。

通常公司整體的ＯＫＲ與各相關部門的ＯＫＲ，以及個人的ＯＫＲ都會產生連結，並能明確顯示出個人的ＯＫＲ對公司的意義，因此這種企業管理法在促進團隊完成大型目標上特別有效。

三個月後是否可以達成目標，關鍵在於能否每天對自己的使命有所自覺，掌握OKR並自主行動。

為了達到上述目的，**決定「不做的事」並簡化「要做的工作」非常重要**。如此一來，工作項目會變得明確。工作明確即可提升生產力，更重要的是，能讓自己保持從容不迫的步調，充實度過每一天，邁向目標。

重點提示

決定好「不做的事」，就能知道自己該做哪些事和做事的優先順序。

促進「深入思考」的關鍵三小時

充足的時間，可以讓人深思熟慮。

細碎的時間令人難以深入思考，因此我每週一定會為自己空出三小時進行。

例如，當我必須針對營運方面，非常專心地思考「長期工作計畫」時，絕對無法一下子就想出結論。沒有足夠的時間就無法達到一定程度的深層思考，這是自己切身的感受。

而且由於人類無法保持長時間的專注，因此很少有人可以在三小時內持續不斷地思索。

況且我們也不是在一夕間就能做到「深入思考」。

然而，**如果你有三小時，也可以在「深入思考」的前後，預留「助跑時間」和「整理思考的時間」**。在「深入思考的前後」，充分運用時間來整理思緒，能帶來相當大的助益。

深入思考前，如果稍微用五分鐘、十分鐘蒐集所需資訊，思索出來的品質將會完全不同。此外，深思過後盡量做出結論或是為下一次的深思做好準備，也能提升產出的品質。例如，製作提供給他人的講解資料，或是設想要怎麼和他人溝通自己思考的結論等。

將思考時間排入行程中

有了充足的時間後，就能獲得高生產力的思考結果。這麼一來，就不會像「時間管理」書籍上所說的一樣，被「緊急又重要的事」追殺，而是可以有效率又確實地執行「不立刻做也沒差，但卻很重要的事」。

不過，這裡的「三小時」是我個人的標準，並非依據明確的根據所訂定。重要的是，**將充足的思考時間安排至工作行程中**。

實際上，我在每週的第一天就會先將「思考時間」排入工作時程。

安排的重點，在於不將三小時切割成六次、每次三十分鐘，而是讓思考時間具備完整性與連續性。

安排好之後，只要按表操課即可。執行時，切實認知到「這三小時是為了思考某件事而特意排入（分配）的時間」非常重要，這層認知將會大幅影響這段時間的生產力。

例如，如果你的心態是「既然有三小時的空檔，就來想一些事情好了」，最後通常都會想到一堆風馬牛不相及的事、開始上網，或莫名其妙地做著其他的事。

想要有意義地度過這三個小時，首先必須盡量讓自己置身於不受打擾的環境裡，例如，將手機調成靜音、關閉電子郵件等。萬一讓訊息、電子郵件、電話、社群網路服務（Social Network Services, SNS）等中斷深層思考，就會讓特意安排工作時程的苦心白費。

此外，我每年也會安排一週的時間遠離日常生活，思索freee股份有限公司在五年後、十年後的發展。為了研擬企業策略，我會隱居在山中整理思索。當然，我謝絕透過訊息、電子郵件等聯絡外界，只是專注於吸收資訊和整頓思緒。

我認為必須特意為自己保留「思考時間」，而且時間一定要充分。**若非如此，我們將永遠專注在眼前的事物，而老是延後處理「不立刻做也沒差，但卻很重要的事」**。

如果你真正想做的事情必須運用深層思考或要創造新事物時，更是如此。如果你面臨的是自己想要挑戰的題目和突破的課題，請從安排「思考時間」做起。

重點提示

每週處理一次「不立刻做也沒差，但卻很重要的事」。

每週兩次透過「閱讀時間」進行心靈運動

重視人類的感性時間。

這是我長久以來都很注重的一部分，因此會刻意花時間體悟情感對自己的強大影響力，包括喜悅、感動、安心、憤怒、哭泣等。

體驗各種情緒的滋味與變化，有助於我們站在不同的立場設想事情與狀況。「動情」指的是心裡受到某種刺激的狀態，一個人如果太久沒有感受到情緒，情感就會鈍化，逐漸不知道該如何處理自己和他人的情緒，或是變得無法理解情緒。如果是在職場上，可能會失去人心，甚至無法察覺顧客的感受。

我認為閱讀或看電影，能體驗到各種情感，因此也將此視為培養人類感性的時間。書本和電影中濃縮許多深刻的思考與情感，因此提供讓我們在日常生活中度過感性時刻的機會。

然而，我在剛創業的前兩年，腦海中塞滿工作的事，就連週末都還在想著工作，看的也都是與工作相關的書籍，卻也從未質疑自己的生活型態。

有一天，我買了Chromecast電視棒，只要連接網路就能用電視收看各種節目，那是我長久以來第一次看電影。當時看的是《衝鋒陷陣》（*Remember the Titans*），這部電影講述美國高中美式足球隊的故事，白人高中與黑人高中併校後，球隊也由白人和黑人重組而成，儘管「膚色差異」讓彼此摩擦不斷，但是這支球隊卻透過運動而逐漸相互理解。

觀看這部電影時，我的心裡感受到有別於工作成就的另一種情感。在我認知到「咦？竟然還會有這種情感」的同時，也驚覺自己忘了「心靈觸動」的感受。

讓情感「銳化」，讓心靈「運動」

當時我與公司成員間有著不少爭執，面臨非常棘手的狀況。因此，透過電影經歷這段感性時光後，我赫然發現「自己的處境相當危險」。回想起來，我在那兩年很少關注自己的情感，也不重視。我反省自己，工作之餘也應該多試著了解別人。

當時的我並沒有察覺到自己鈍化的情感，工作一年下來，或許已經變成鐵石心腸的超級工作狂，但是我不想變成那樣，更糟的是重要的工作夥伴也逐漸離自己遠去。

自從我意識到「感性時間」後，**就認為閱讀是「心靈運動」，可以讓人接觸到各種情感和知識**。就像肌肉愈不用就會愈退化，定期給予心靈刺激非常重要。

因此，我每週會有兩次的閱讀時間，大多選在週六傍晚或平日晚上，每次大約一小時。如果閱讀時間前後間隔超過兩週，即使特地安排看書時間，也會忘記上次看到哪裡，造成效率變差。

每週安排兩次的閱讀時間，一次一小時，就能知道「要繼續看的下一段」、「要從這裡看起」等，在非常關心自己的狀態下閱讀。養成習慣後，也能利用交通時間等「閱讀時間」以外的空檔，持續閱讀。

我認為育兒也是體驗人類感性的時刻之一，照顧小孩不全然都是快樂的事，小孩也會突然大哭或使性子，不按牌理出牌。正是因為如此，接觸孩子各種情感的過程，也能讓自己的心靈成長茁壯。

未來，我也會繼續享受這樣的感性時光。

重點提示

閱讀是「心靈運動」，可讓人體驗各種情感。

通勤時間也是生產時間

我從以前就很討厭搭電車時，只是一邊搖晃身體，一邊發呆。搭電車時，什麼都不做實在太浪費時間了，所以我一直在想如何能有效活用這段時間。因此在一個人搭電車時，通常都會在車上看書。手邊沒有讀物時，為了不浪費時間，我甚至會拚命、認真地觀看車廂內廣告。

當我還是大學生時，搭電車到學校要九十分鐘，往返得花費三個小時。如果一天內醒著的時間是十六個小時，等於必須花費五分之一左右的時間通勤。因為實在很花時間，如果不把握時間學習，真的會很浪費。因此當時我就利用通勤時間，學習簿記和數學。在我的個人經驗中，總是強烈感覺通勤時間很費時。

可能因為有著這樣的經驗，**不管搭乘電車或飛機，我變得會事先決**

定這段時間要做的事，甚至制定時程表。這麼一來，到時候就不用猶豫「要做什麼才好」，而是能直接實行計畫。

雖然我在通勤時通常會看書，但是也經常會利用這段時間整理並總結自己的想法。只是如果在思考後卻沒有留下紀錄，就等於沒有思考，因此一定會盡量寫下思考後的結果。紙張、電子郵件的草稿功能或「Google Keep：記事和清單」App的筆記功能等都是我會使用的工具，雖然沒有特定使用的工具，但是我會利用當下手邊最容易取得的工具來記錄想法。

順帶一提，我在紙上做筆記後，為了製作成檔案，會拍下照片，然後用電子郵件的草稿功能來存檔。因為基本上如果不事先把所有的內容都轉為檔案加以保存，稍後可能會發生找不到紙張，還要花費時間尋找的狀況，造成生產力下降的後果。

讓交通時間化為同行夥伴交流的時機

和他人一起同行時，就算想要默默讀書也很困難，所以在這種情況下，我在去程時大多會先「預習」下一個行程。

例如，如果該次的目的地是交涉或會議的場合，可以針對對方的現況或課題、會議內容，以及雙方合意的條件如何設定等，與同行的夥伴討論作為事前準備。回程則通常會針對「下一步該怎麼做」，以及今後的進行方針，與成員一起探討。

如果同行的人是偶爾才見面的成員，我也會趁機掌握對方的近況。

即使是同一個事實，也會因為個人差異而產生各式各樣的看法。「原來你是那麼想的嗎？」「我以為有好好傳達，但似乎還不夠」，諸如此類，這個與成員交流的場合會成為你察覺到許多事情的感性時刻，因為你與對方分享一些想法，像是公司的策略與方針、人事制度和公司整體問題等，而明白在對方眼中「是如何看待的」。

善用雲端服務，不錯過每一分鐘

如差旅等交通時間較長時，我也經常與身處遠地的成員針對專案進行「討論」，此時我會使用Google雲端服務的工具「Google文件」。

因為Google文件在通勤時也能開啟檔案進行編輯，還可讓不只一位成員一起編輯文件，就能以聊天的形式針對資料迅速留下意見。由於無論成員身在何處都能同步閱覽文件，當有人提出「這是什麼意思」的疑問時，也能立刻回應。

因此，即使正在搭新幹線也可以即時與成員進行討論，讓專案持續進行。由於科技的進步，雲端服務讓溝通變得更簡單，交通時工作生產力下降的狀況也大幅減少了。

如果你在通勤時間什麼都不做，時間就如同景色一般，只會不斷飛逝，但是**靠著自己積極決定「要做什麼」，無論是輸入或產出都能在一**

定程度辦到。因此即便是交通時的時間規劃，也不能不花腦筋好好思考一番。

重點提示

只要能積極主動地利用通勤時間，就可以提高這段時間的生產力。

用明確的「行動階段」當成你的導航

安排時程表時，請把行動階段直接寫入時程表裡。

這是大衛・艾倫（David Allen）在《搞定！工作效率大師教你：事情再多照樣做好的搞定五步驟》（*Getting Things Done: The Art of Stress-Free Productivity*）一書中提倡的方法之一。書中提及，當你想要實現某些事時，在推動事物時約束力最高的方式，就是將它具體寫入時程表。

「十月中旬前要做到」與「十月十五日十二時前要做到」這兩個行程，實現的可能性是完全不同的。另外，「早上刷牙前」、「早餐前」等，像這樣愈能明確指出要做事情的時間點，實現的可能性也會愈高。在訂定每月、每週、每日計畫時，如果不具體、詳細地訂定今天絕對要做到的事，就很難前進到行動這一步。然後，讓這些訂好的日曆成為你的導航。

我用來管理行程的工具是「Google日曆」，Google日曆有拖曳功能，這個功能可以很簡單又自由地將預定事項組合替代，調整日曆內容因而變得非常簡單。

另外，我會把一些必要的文件與必讀的資料等重要附件也一併放入「Google日曆」的時間表裡。如果當天有外出行程，就會把所有的必要情報，如地址、地圖及電車時間等資訊也一併輸入日曆，這是freee股份有限公司內部所有員工都共通的資訊。

這麼一來，類似「那份資料在哪裡？」「今天某人會在哪邊？」「這個時間點要說什麼？」等問題，就不需要浪費時間逐一確認，因為只要查看日曆就能確認所有資訊，所以行動時不會造成任何遺漏。

明明決定了卻不行動、猶豫該怎麼做會比較好，可以說是最沒有效率的事。因此，最重要的是讓你可以更容易執行。順帶一提，以下是我自己在某一週的時間表。

我的一週時間表

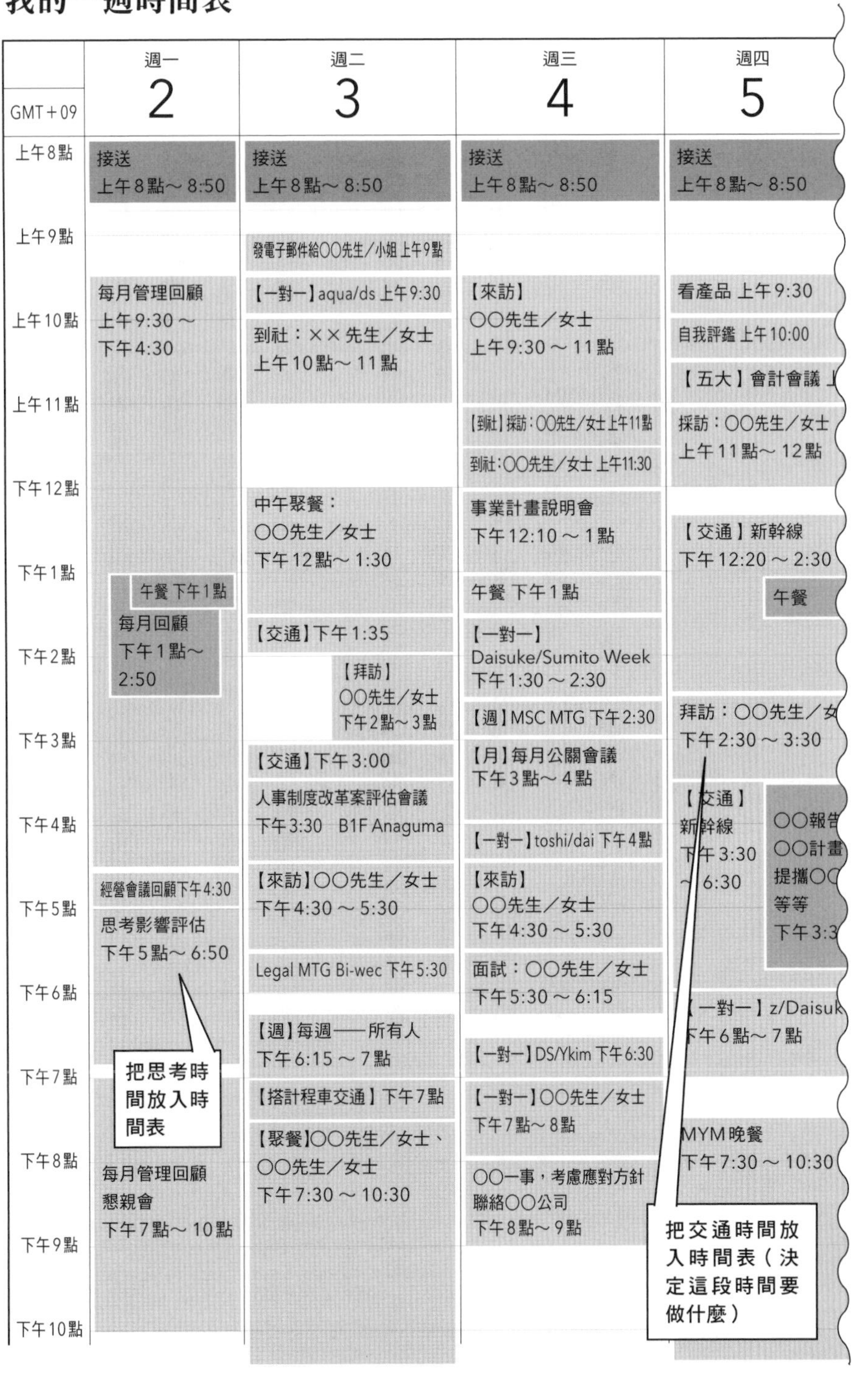

GMT＋09
週一 2
週二 3
週三 4
週四 5
上午8點
上午9點
上午10點
上午11點
下午12點
下午1點
下午2點
下午3點
下午4點
下午5點
下午6點
下午7點
下午8點
下午9點
下午10點
接送 上午8點～8:50
每月管理回顧 上午9:30～下午4:30
午餐 下午1點
每月回顧 下午1點～2:50
經營會議回顧下午4:30
思考影響評估 下午5點～6:50
把思考時間放入時間表
每月管理回顧懇親會 下午7點～10點
接送 上午8點～8:50
發電子郵件給〇〇先生/小姐 上午9點
【一對一】aqua/ds 上午9:30
到社：××先生／女士 上午10點～11點
中午聚餐：〇〇先生／女士 下午12點～1:30
【交通】下午1:35
【拜訪】〇〇先生／女士 下午2點～3點
【交通】下午3:00
人事制度改革案評估會議 下午3:30 B1F Anaguma
【來訪】〇〇先生／女士 下午4:30～5:30
Legal MTG Bi-wec 下午5:30
【週】每週——所有人 下午6:15～7點
【搭計程車交通】下午7點
【聚餐】〇〇先生／女士、〇〇先生／女士 下午7:30～10:30
接送 上午8點～8:50
【來訪】〇〇先生／女士 上午9:30～11點
【到社】採訪：〇〇先生/女士上午11點
到社：〇〇先生/女士 上午11:30
事業計畫說明會 下午12:10～1點
午餐 下午1點
【一對一】Daisuke/Sumito Week 下午1:30～2:30
【週】MSC MTG 下午2:30
【月】每月公關會議 下午3點～4點
【一對一】toshi/dai 下午4點
【來訪】〇〇先生／女士 下午4:30～5:30
面試：〇〇先生／女士 下午5:30～6:15
【一對一】DS/Ykim 下午6:30
【一對一】〇〇先生／女士 下午7點～8點
〇〇一事，考慮應對方針 聯絡〇〇公司 下午8點～9點
接送 上午8點～8:50
看產品 上午9:30
自我評鑑 上午10:00
【五大】會計會議 上
採訪：〇〇先生／女士 上午11點～12點
【交通】新幹線 下午12:20～2:30
午餐
拜訪：〇〇先生／女
下午2:30～3:30
【交通】新幹線 下午3:30～6:30
〇〇報告
〇〇計畫
提攜〇〇
等等
下午3:3
【一對一】z/Daisuk
下午6點～7點
MYM晚餐 下午7:30～10:30
把交通時間放入時間表（決定這段時間要做什麼）

補充說明，時間表裡的「接送」是指送女兒到幼兒園的時間。上午九點至九點半，如果沒有公司以外的預定行程，原則上我會把這段時間空下來，在這段時間會回覆需要立刻回覆的電子郵件、確認訊息與行程等，也會補做之前沒有完成的事，但是根據必要性，有時也會放入待辦事項。

每個月月初的星期一，上午九點半到下午四點半這段時間通常會安排一場長時間的會議。這原本是我自己回顧上個月工作狀況的時間，後來進化成整個團隊一起回顧並檢討下一步。這場會議結束後，我也設定了回顧上個月個人狀況的時間。該週的週二行程過於緊繃，就這一點來看實在不是理想的行程表；週三也有一樣的問題，因此我把晚上的時間設定為自己的時間；週四我在搭乘新幹線時花費時間思考許多大大小小的事情。

自己設定的行程可以完成到什麼地步，將會直接影響成果。將具體的行動寫入行程表、實行、回顧，如此不斷反覆。

重點提示

具體化必須做到的事，就能提高你的執行力。

把工具的數量減到最低

工具和任務，請盡可能地精簡數量。

為了執行計畫，你的支援工具如筆記本或便條紙等，也從善如流地從類比前進到數位，以App為首出現各式各樣便利的工具，但若同時使用太多工具就會相當辛苦。

因此我大致上只會使用以下這三個工具，分別是**管理行程的「日曆」（calendar）、通知務必執行未來任務的「提醒通知」（reminder），以及用來記錄一些不急迫但必須進行中、長期規劃事項的「備忘錄」（memo）。**

在把工具精簡到三個之前，我在錯誤中不斷嘗試，得到盡量精簡工具會較好的結論。

我使用「Google日曆」訂定時間表，如同前文所述。提醒通知可以協助提醒明天幾點幾分要做的事、要寄信給誰、某場會議要準備的資料，或是確認資料內容等事項，我將「某天絕對要做的事與可以立刻回應的事」精簡為一個個任務項目來使用。

因為我把使用範圍限縮在處理相當重要的事項，因此一天平均的任務數量大概僅維持在三個左右。如果超過這個數量，就無法迅速完成所有的任務。而且隨著愈來愈多的任務累積，你處理的動力也會下降，同時導致生產力低落的後果。

順帶一提，我使用的提醒通知是「Google日曆」的特殊功能，使用此功能就能將任務獨立顯示為待辦事項，直到任務結束為止。如果你讓任務持續顯示，最後將會變得不再關注該項任務，因此中、長期的任務不適合用提醒通知來管理。

必須考慮的事項通常不是一個回覆或一個動作就能完成的事，因此我通常會花時間等待結論，並為該項目安排時程；而尚未安排時程的預定事項、優先順序較低及應該放棄的事項，則會一併丟到「Google Keep：記事和清單」這個記錄App裡留存，我把這個工具當作便利貼輕鬆使用。

善用工具建立機制，兼顧目前與未來的工作事項

我們會每天設定待辦清單、輸入又消除，但備忘錄的功能不只如此，在**該任務專屬的備忘錄裡，由於你會一直留著自己「真正想做的事」，因此當你為了急件而忙得焦頭爛額時，這件「真正想做的事」還是會經常出現在腦海裡。**

使用方式是在最上方的區塊寫上「有時間時想做的事」，讓這件事常常映入眼簾；下方區塊則是寫上即將移到日曆的行動，或是可以馬上完成並刪除的事項；更下方的區塊，可以記錄會議時或對特定的人想說或想問的話。具體的記錄方法請參照下一頁。

任務的備忘錄實例

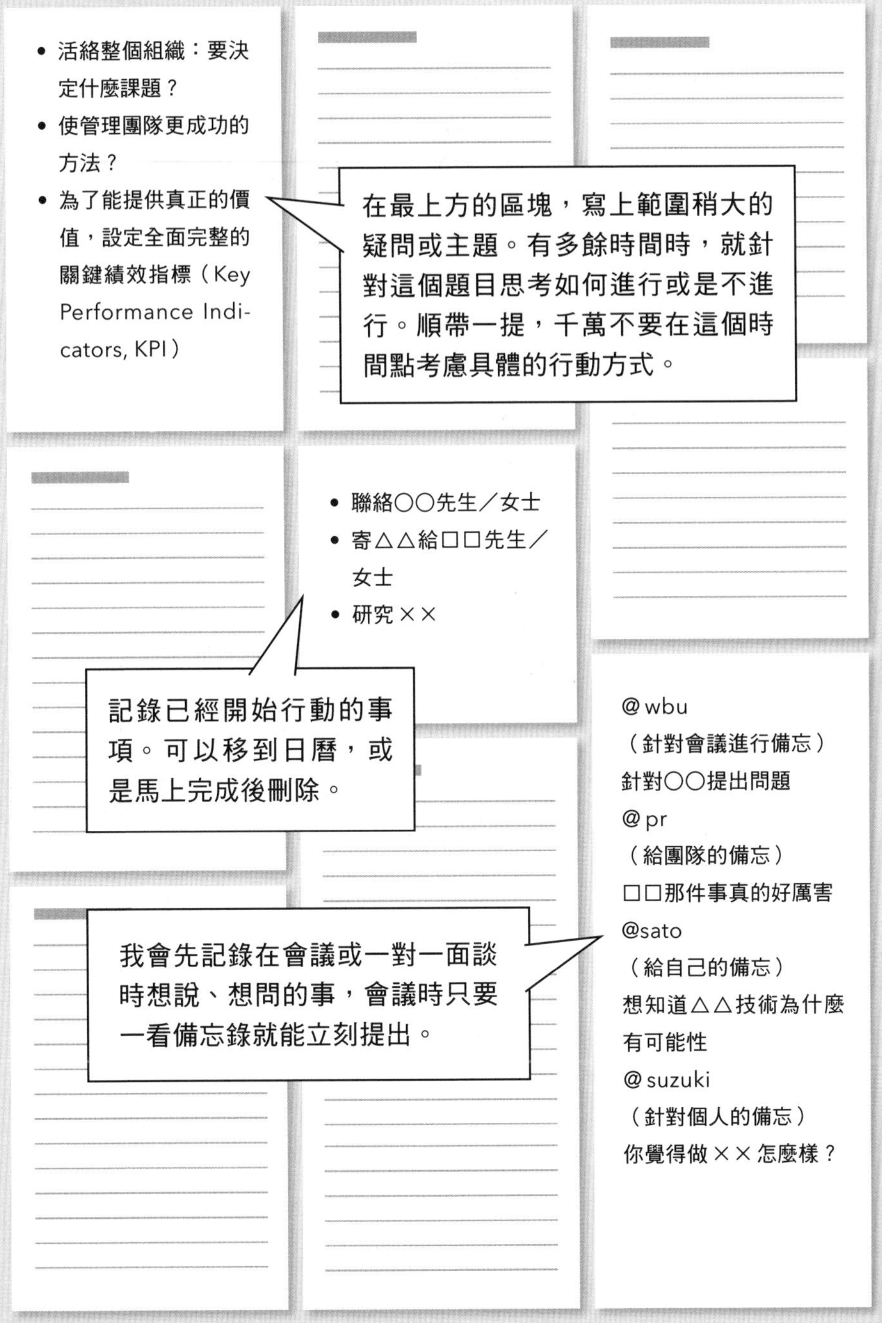

• 活絡整個組織：要決定什麼課題？
• 使管理團隊更成功的方法？
• 為了能提供真正的價值，設定全面完整的關鍵績效指標（Key Performance Indicators, KPI）
在最上方的區塊，寫上範圍稍大的疑問或主題。有多餘時間時，就針對這個題目思考如何進行或是不進行。順帶一提，千萬不要在這個時間點考慮具體的行動方式。
• 聯絡〇〇先生／女士
• 寄△△給□□先生／女士
• 研究××
記錄已經開始行動的事項。可以移到日曆，或是馬上完成後刪除。
@wbu
（針對會議進行備忘）
針對〇〇提出問題
@pr
（給團隊的備忘）
□□那件事真的好厲害
@sato
（給自己的備忘）
想知道△△技術為什麼有可能性
@suzuki
（針對個人的備忘）
你覺得做××怎麼樣？
我會先記錄在會議或一對一面談時想說、想問的事，會議時只要一看備忘錄就能立刻提出。

累積大概一個月左右的份量後，決定一個回顧的時間，並再次確認先前的內容。這麼一來，就能因應需求和狀況，毫無遺漏地將必要的資訊排入日曆。

多虧有了這三項工具，我建立了一個機制，既能一邊縱觀中、長期計畫，同時也能聚焦在目前必須完成的事。

重點提示

為了能夠持續，選用簡單的工具是最好的。

預留「垃圾桶時間」，因應突發狀況

不要把突發事件視為「無可奈何的事」。

突發事件發生的當下，人們經常急著解決而容易慌亂，辛苦費心設定好的計畫也很可能會跟著改變。

所以在這種情況下，**我會先停下來冷靜思考：「真的非得馬上處理嗎？」**很多事即使不立刻解決，「明天再處理也不會怎麼樣」。就算不立即處理，「也不會少一塊肉吧！」「反正又不會死。」我認為保持這種宏觀的氣度也很重要。

突發事件發生時，最重要的是心情平靜，不要慌張。思考如何不打亂自己的步調，保持情緒穩定，我認為時時這樣提醒自己，對成果也會有很大的影響。

如果時間允許，就先暫時丟在一旁，或是安排會議和大家冷靜討論。總之，基本原則就是不要讓突發狀況影響既有的安排。

話雖如此，我還是會預留一段「垃圾桶時間」，如果真的發生必須立刻處理的突發事件就能夠應對。之所以會取這個名字，是因為我在腦海中會想像一段「大掃除時間」。

舉例來說，我大約在早上九點半後開始有工作，而在九點就會進公司，所以到九點半前的三十分鐘並沒有待辦事項。對我而言，這三十分鐘就是「垃圾桶時間」，正好適合用來分類電子郵件與重新檢視工作計畫，也可以說是按下開關的時間，告訴自己：「今天要完成這項工作！」如果真的發生必須立即處理的突發事件，通常也會利用這三十分鐘處理。

加上我平時使用的「Google日曆」可以輸入的最小單位是三十分鐘，所以一封電子郵件也會設定要在三十分鐘內完成，但是實際上寫一封電子郵件不需要花費那麼長的時間，因此剩餘的時間就可以用來完成一些瑣碎的事。

因此，基本上我都可以準時完成待辦事項，而突發通常也可以在這段時間內消化完畢。

未雨綢繆，預留處理突發狀況的時間

此外，當我察覺可能會發生無可避免的突發狀況時，就會事先預留處理的時間。

我原本就不會將無法完成的待辦事項排入Google日曆中，光看我的Google日曆，可能會以為我把時間表塞得滿滿的，沒有空出任何時間（參考第一六五頁），但其實我是把思考的時間和處理雜務的時間也全都包括在內，才會讓人有這樣的感覺，實際上我並不覺得被時間追著跑（如果開始覺得被時間追著跑時就會深刻反省）。

舉例來說，我會把某天約一半的時間留下來處理公司內的工作，萬一發生不得不處理的事，就能自由重新安排時間表。此外，如果有人邀請我演講，場次多到可能會影響本業，因而可能無法完成其他的預定工作，我就不會接受，這也是同樣的道理。

安排行程時，我會像這樣隨時留意，讓自己無論發生什麼事都能應對。疲憊時原本就可能讓人的眼界變得狹隘，從這個角度出發，也應該謹守不要安排超量工作的基本原則。

如果這麼做，時間還是不夠，我也會挪用原本預留的「思考時間」，不過會盡量避免這麼做。做法是假設原本預留三小時就改為兩小時，把其中一小時用來處理突發事件。

然而，最好還是能避免突發狀況發生；安排行程時要預留時間，以解決無法避免的突發狀況；如果真的沒辦法，就只好挪用原本預留的思考時間。時時謹記這個立場，就能做自己真心想做的事。

重點提示

最重要的是思考如何避免突發狀況。

計畫要時時「複習」

我大約每三個月會回顧一次之前的工作排程，回頭檢視「時間的使用方式」。

「為什麼在這件事上花了這麼多時間？」「這裡應該再留一些更充足的時間。」我會這樣回頭「複習」，以安排接下來運用時間的方式。

即使預定的工作順利進行，也不能只是覺得開心就算了，背後應該有它會「順利完成的原因」，可供之後的工作借鏡。只要仔細認真檢視，就能清楚了解。

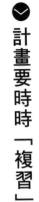

在三個月內全心投入做好一件事時，成效如果不夠接近自己的目標，就要在結束後立刻重新找時間「複習」。那麼，應該在什麼時候著手呢？

在這三個月裡，無論是哪一個時間點都無所謂，但如果是在最後一個月即使感到不對勁，覺得「好像哪裡怪怪的……」，也不要在這時候修正方向，因為都已經到了這個地步，就不該變動，應該如實完成這三個月的預定計畫。

這是由於如果無法完成，最後就連能檢驗「問題出在哪裡」的資料都沒有。如果要修正方向，最遲應該在第一個月進行，中途覺得哪裡有問題可以寫下來留作紀錄，之後就能加以運用。

我會定期用「Google日曆」回頭檢視之前的工作計畫。選用數位工具，就能檢視一路走來的成果，不只三個月前，就連五年前做了什麼也能立刻回顧，清楚檢視自己一天的所有行程和每項詳細計畫，在哪一項工作上花費多少時間，全都一目了然。所以就安排行程而言，我大力推崇數位工具。

只要是預訂好的時間表就一定要完成，這種想法固然重要，但現實的情況就是事情會依狀況而每天有著少許變化。回顧時心想：「應該要花更多時間做這件事的，但是完全沒辦法……」「原本想要很快搞定這件事，結果卻花了那麼多的時間。」這類情況可能會比想像中還多。

回頭檢視行事曆，達成理想的時間安排

這個步驟在順利進行時也一樣，「為什麼會有這樣的結果呢？」思考順利的原因相當重要。做得不好的地方也可以從中汲取經驗，運用在下一次的計畫裡，這將會決定下次的三個月計畫能不能做出一些有意義的成果。

我經常一不小心就安排一場又一場會議，所以每隔三個月就會修正一次開會次數。從這個角度來看，每次當我回頭檢視行事曆，只要開會次數太多，對我而言，就是「沒有好好運用時間的三個月」。

相反地，如果我在回頭檢視時認為「有好好運用時間」，就代表依照計畫完成工作。

行程雖然沒有排滿，但是不會覺得太閒，感覺很充實，就可以說工作計畫安排得當，代表既沒有被時間追著跑，也能積極完成各項工作。

有時可能會出現「明明排滿工作，卻都做不完」的情況，這雖然是因為運用時間的方式錯誤所致，也不必感到挫敗。

這時候也可以**回頭檢視行事曆，找出自己的慣性，並運用在下一次計畫中**。只要重複這些步驟，估算時間的精準度就能慢慢提升，也能親身體會到理想的時間運用方式。

當你慢慢能夠以理想的方式運用時間，就開始可以依照自己設定的計畫，擠出趕工的時間，做「自己真正想做的事」。

重點提示

回頭檢視「我到底有沒有好好運用時間？」

06

沒有「成果」，就沒有「成功」

先動手，再把結果最佳化
不要把自己卡在細節中
做出讓人一目了然的成果
突破框架，深入探索
營造「自然產生積極心態」的空間
當心犯下「無意義的失敗」
「有意義的失敗」是重要的驗證材料

先動手，再把結果最佳化

要先實際動手做，才有機會成功。

再怎麼好的想法或藍圖，如果只能說得很動聽，最後卻不實際動手做，就會淪為「畫大餅」，毫無意義，我甚至認為愈早開始就愈有價值。相較於「失敗」本身，「害怕失敗而裹足不前」才是最沒有生產力的。

因此，freee股份有限公司是以「理想驅動法則」搭配「先動手→再思考」作為價值標準。「先動手→再思考」是運用「理想驅動法則」有了想法或藍圖後，「先嘗試做做看，再根據結果思考如何最佳化」。**與完美的成果相比，我們更重視從實際動手的過程中學到什麼。**

「先實際動手的重要性」，是剛創業的我從慘痛經歷中學到的教訓。剛創業不久，原本我只需要集中火力，把時間都用來完成構思好的雲端會計系統；然而，創業讓我充滿鬥志，加上離職後也有了時間，便希望能再想清楚：「這真的是自己想做的事嗎？」於是在那段時期又回到原點開始討論。

因此，這導致剛開始近三個月的研發毫無進度。其實對我們當初設定的目標顧客來說，應該要來得及在最重要的報稅季推出系統，但是最後卻來不及完成。

當時我們不應該想那麼多，應該先把系統研發完成。這樣一來，就能讓使用者實際用來報稅，這一步絕對有價值，也肯定能學到許多經驗。

只要先實際動手做做看，剛開始以為做不到的事也許會出現變數，這種情況相當常見。

與其空想憂慮，不如起而行

雲端會計系統的想法來自銀行和信用卡的交易明細表，以自動產生帳目表為核心功能。然而，我們先入為主地認為這在技術上可能會太過困難，所以一開始並未從此處著手，甚至討論到：「只要能實現我們的概念，就算沒有這項功能也無所謂。」

然而，開始研發後卻還是產生疑惑：「這樣真的好嗎？」某天我和技術長橫路吃晚餐時聊到：「吃完飯，我們先簡單試試這個想法行不行得通吧！隨便拿一張銀行的明細表，看看能不能自動列入帳目表？」

實際動手後，橫路大約花費三分鐘就完成了。那一瞬間證明了與其想太多，果然還是實際動手比較容易。

freee股份有限公司現在正著手研發的「公司成立freee」這套系統也一樣，有別於雲端會計系統，它是協助客戶成立新公司的產品，五分鐘就能產生成立新公司所需的文件。

要備齊成立新公司所需的文件，手續相當繁瑣，對創辦人來說是很大的負擔。

因此有成員主動提出：「freee股份有限公司的理念是幫助客戶以高

效率處理後勤業務，能夠從成立公司這個步驟開始協助中小企業才有意義吧！」因而誕生這個創意。我判斷這的確能夠幫助他人，並對這個社會有深切的影響，所以通過了這個提案。

但是如果要貫徹「理想驅動法則」，最理想的狀況是這個想法能在雲端就全數完成。不過除了填寫文件以外，登記的手續也要雲端化作業，相當繁雜，我們原本就很清楚這一點，所以剛開始打算研發時就沒想過要把系統做到完美，刻意在理想和現實之間試水溫。

重要的是不要害怕失敗和變化，一步步動手。先動手做，獲得一個結果，再繼續做下去，也會出現不同的成果。

重點提示

無論如何，先做再說。

不要把自己卡在細節中

不要拘泥於細節。

想要深入探究的想法雖然重要，但是如果設定一段期間，堅持一定要做出成果，不要過度追求細節也很重要。

這個世界上有許多事，已經有前人證明「正確無誤」，雖然自己思考個中緣由十分有趣，但是如果想要快速學習，最好還是不要過度拘泥細節。

舉例來說，數學如果從「『一』的意義是什麼？『一』到底代表什麼？」開始思考就太累了，要先接受並學習「一加一等於二」這個事實，也就是接受前人的智慧，能夠運用的就拿來運用。

我會盡可能在深入細節前止步，提醒自己不要拘泥於細節，這麼做讓我實際上能夠加快速度，以三個月為單位做出成果。在高中時，我的數學也是幾乎從零開始，拚命學習三個月後，也能把一百個基本的例題和答案全部背起來，之後就能慢慢找出解題的方式。我漸漸掌握訣竅：「原來只要這個搭配這個，就能解開這道題目了。」

我一開始還搞不清楚為什麼會這樣，但是學會解題的方式後，更困難的各種題目也都迎刃而解。

突然叫一個數學不好的人證明畢氏定理，也無法搞懂其中的原理，雖然很想理解，卻只能先死背，因此在問題解決後才會重新覺得有興趣，可以等到那時候再開始探究細節。

細節可能讓工作停滯不前

事實上，因為拘泥於細節使得工作屢屢停滯，這種狀況並不鮮見。程式設計和數據分析也一樣，如果從一開始就要一一理解、接受才能繼續，將會非常辛苦。我在學習寫程式時，也是想著先死背就好。在翻開程式設計的書籍時，我發現裡面寫了很多理論。

當時即使我並沒有完全看懂，還是先快速瀏覽後，直接嘗試解答各種例題。所以我認為，程式設計還是早點自己動手寫寫看比較重要。

實際操作時，也不要一直想：「為什麼這麼寫不行呢？」而一直停下來。先嘗試各種寫法，區分清楚「這樣寫可行、那樣寫不可行」。出現錯誤而行不通時，仔細思考後可能會發現只有一個字打錯了，這種情形也會發生，所以還是先試著做做看。

慢慢習慣之後，自然會開始覺得遊刃有餘：「這裡改掉會怎麼樣呢？」「改掉這裡，讓它變成這樣應該會滿有趣的。」到了這個階段，就可以回頭去看「理論」。這麼做肯定能快速成長，學習的範圍也會更廣闊。我想實際上有很多人在一開始就想弄懂困難的「理論」，因而停滯，無法繼續。

用小說和電影做比喻，就像是即使你完全不知道登場人物之間的關聯和詳細的情節，中途也不要一直停下來，看到最後就對了。

還有另一件事也很重要，**就是與其埋頭苦幹，不如盡早給予「獎賞」**。特別是對於首次挑戰的事項，「雖然沒有理解得很透徹，但我還是嘗試去做，並且完成了。」不但能獲得成就感，還會覺得很開心。

雖然花費很多時間，卻只學會一些枝微末節、寫了幾行不能用的程式碼，這只會導致「獎賞」的時機太遲。如此一來，熱情也會被澆熄，無法開心地持續到最後。

就算不了解也無所謂，先做一輪後再說。「雖然有些地方不懂，我還是完成了！」「我大致上會了！」盡量讓自己在短時間內就享受這種成就感和充實感，這是能夠維持高度熱情，完成三個月計畫的祕訣。

重點提示

盡早享受成就感，就不會卡在細節上停滯不前。

做出讓人一目了然的成果

做出所有人都心服口服、一目了然的成果。

如果遇到許多阻礙，更要在執行每次的「三個月計畫」時謹記這一點。

我在二〇〇八年左右進入Google，公司裡的市場行銷部可以說是沒有什麼創新策略的部門。時至今日，該部門花費的廣告宣傳費在全球數一數二，但是在我剛進公司時，通常只有需要製作T恤、紀念品時才會受到委託。現在Google最高市場行銷部負責人——羅琳．托希爾（Lorraine Twohill）是都柏林辦公室首位招募的行銷人員，她回想當時的情景，表示：「我進入Google負責海外行銷，但工作內容卻是製作T恤，然而我並不氣餒，仍然努力工作。」

當我任職市場行銷部時，該部門在公司裡被投閒置散，而我負責日本中小企業市場行銷的前三個月內幾乎毫無成果。

前面曾提及，Google的行銷小組有一種名為「仿照和共享」的特別文化。這個小組的精神就是：「以不落人後的速度，仿照其他國家地區的優良做法，並將成果與所有人分享。」因為有這樣的風氣，我在剛開始三個月也嘗試仿照他人的優良做法，但卻沒有獲得什麼驚人的成果。另一方面，不管是什麼策略，最困難的是要讓自己的觸角更敏銳，因此在接下來的三個月，我專注於推動能磨練手感的策略。

培養敏銳度與「手感」

在二〇〇八年時，中小企業只能支付高額費用給廣告代理商，才能在電視、報紙及雜誌等媒體上刊登廣告。對中小企業而言，不但得打起十二萬分精神，就連打廣告究竟是否有效也無從判定，是風險極高的領域。

但是如果使用Google的廣告模組，不管是誰，最低只要花一百日圓就能打廣告，而且廣告成效能以數字具體呈現。對中小企業的經營者而言，等於多了一個劃時代的全新選擇，但是這件事卻幾乎沒人知道。

在這樣的背景下，我試著寄發電子傳單，讓中小企業經營者知道有這個新的選項，這也是在其他地區施行成功的策略之一。試行的結果，雖然算不上特別出色，但我認為這是改良空間相當大的領域，這個市場很有潛力。

其實郵件內容如果能依據各個客戶的特點分別撰寫會更好，但是由於我寄送的中小企業數量十分龐大，不可能一一客製化。

於是我把腦筋動到之前未能充分運用的「大數據」上，設定各家企業有興趣的內容，自動寄發電子郵件，並在接下來三個月，徹底將電子傳單的內容個人化。時至今日，運用大數據的自動行銷系統增加，功能也更加廣泛，但是在我著手進行時情況並非如此，許多事都要自行摸索。

然而，徹底深入執行這個策略是正確的方向，因為我們向大眾廣為宣傳「不管是誰，最低只要花一百日圓就能打廣告」這個令人震撼的事實，終於獲得顯而易見的出眾成果。

首次刊登廣告的顧客增加率和營業額提升得愈來愈高，每年持續以三位數的倍數成長，以亞洲地區整體來看，成長幅度也相當驚人，這項策略成為成功案例，分享到世界各地的Google分公司，成果也大獲好評，我們因而獲得美國總公司頒發的「OC Award」經營會議獎。不僅如此，我在公司內更受到信任，工作也順利許多，現在的環境讓我更容易做出成效。

當然，能立即做出壓倒性的成果最好，但是有時也會遇到阻礙。然而，**這時候不需要放棄，因為也可以把它當成培養敏銳度的機會，有助於下一次的「三個月計畫」做出壓倒性的成果。**

重點提示

持續努力，做出所有人都心服口服的成果。

突破框架，深入探索

不管什麼事，只要對你來說很重要，就盡情深入探索。

盡早實際動手做了之後，想在這個領域留下輝煌的紀錄，首先一定要深入了解目前全心投入的事物，以及手中握有的資源。**上手後，構思時就必須突破框架**。在freee股份有限公司稱為「深入探索」（Hack Everything），這是我們十分重視的價值觀之一，藉此能產生壓倒性的結果。

日本企業把工作外包的狀況相當常見，「將貼近顧客個別需求的資訊有效率地傳達給他們」，這種自動行銷的手法和社群網站的經營等業務，大多公司都是委託其他公司處理，對吧？

我們則是少數派，想要自己找出訣竅、自行經營。因為如果採取外包，就無法學會那些訣竅，也無法進步，跨越至更高的境界。想要提升工作效率，提供更優質的服務，就要深入了解現有的工具與資源，應該會發現還有哪些地方可以更加完美。使用Excel也一樣，不要埋頭操作，先好好學兩個小時再使用，光是這麼做就能提升工作效率，這種情況十分常見。

拓展新服務、新客群也是一樣，先熟悉手上現有的工具、資源及規則後再加以運用，經常會有不錯的成效，**因此先熟悉現在使用的工具相當重要**。對於自己負責的業務和經常使用的工具應該會更加了解、學會更多運用的方式，對它熟悉之後，就會冒出先前從未想過的想法：「這項工具應該也可以那樣運用」，能達到這種狀況相當常見。此外，如果不確定一項服務是否真的具有競爭力，就必須自我磨練，瘋狂投入。

讓手上的工具發揮各種可能

眾所周知，無論是市場行銷或顧客關係管理（Customer Relationship Management, CRM），freee股份有限公司必定會徹底活用工具或技術。

此外，在顧客服務方面，freee股份有限公司從二〇一四年起就採用通訊軟體處理客服業務，這也是透過「深入探索」想出的創意之一。業界的主流是以電話和電子郵件處理客服業務，用通訊軟體是相當罕見的。這種形態並不是由於顧客要求才開始的，而是因為與電話和電子郵件相比，通訊軟體可以縮短顧客等待的時間，因此公司才開始採用。實際上，很多時候通訊軟體會讓公司內部聯絡更方便。

要說真正用心對待顧客，應該是直接前往拜訪顧客最好。但是考量到成本等問題，實際上卻很難做到，於是有人提出「除此之外的方式都試試看吧！」最後，我們便採用「通訊軟體客服」的形式。

在導入初期，肯定會出現無法配合顧客期望的情形，我們便討論「對於工具的使用需要了解到什麼程度？」之後每個成員都徹底學習通訊軟體的功能，累積相關知識，讓這項服務變得可行，僵化的制度也逐漸調整得更趨完善。

後來這種方式逐漸被顧客知曉，並大獲好評，因為他們覺得「用通訊軟體能夠雙向溝通，加上能用文字詢問與確認，很容易理解」。實際上，我們可以用通訊軟體簡潔地說明：「關於這個問題，請參閱這個連結。」與電話相比，這樣說明經常可以為雙方省下許多時間。

因為可以用通訊軟體直接交談，現在通訊軟體中也導入人工智慧，可以先簡單回覆顧客的問題。如此一來，更能有效達到最重要的需求——「盡快解決問題」。

學習能夠創造新價值、讓他人點頭稱讚的技能，無論如何，擺脫現況、更進一步的關鍵經常就在眼前，只要深入探索，成效也會跟著改變。

> **重點提示**
>
> 熟悉一項事物，就能想出超越自我的創意。

營造「自然產生積極心態」的空間

辦公室是做自己喜歡事情的地方。

辦公室是我們以實現任務為目標，並且為了做出成果而聚集的空間。因此，不是別人要求我們做什麼，而是因為我們喜歡才做，我認為基本上要抱持這種心情在辦公室工作。

因為是在做自己喜歡的工作，所以我會用心營造能夠放鬆的環境。**「因為喜歡才做」，在這種自主氛圍下工作，不只是心情的問題，也會大幅影響生產力。**

這個想法或許可以歸因我創業時的工作場所，就是當時承租公寓的客廳。我和夥伴三人一起在客廳裡工作，所以一直深深覺得辦公室就是「客廳的延伸」。

即使在公司成長後，我仍像創業初期一樣，用心營造能夠休閒放鬆的辦公室空間。舉例來說，現在的辦公室裡有一個需要脫鞋，可以坐在榻榻米上的小型墊高會議空間，還有同樣需要先脫鞋，工作時可以靠著靠墊的工作區。

雖然如此，我並不是單純認為把辦公室營造成舒適的空間，就能夠提出具有創意的想法。不過，**能讓人輕鬆投入工作的空間，確實可以讓工作夥伴之間的溝通更順暢，強化彼此的信任關係。**透過上述方式，讓人自發性地努力工作，自行將想法付諸行動等。可以肯定的是，舒適的辦公室環境有助於營造出讓人自然而然想要努力工作的氛圍。

積極自主的氛圍下，不斷產生有趣的企劃案

實際上，這種積極主動的氛圍會在公司內形成良性循環。我的公司員工自行提出有趣的企劃案，並且付諸實行也是如此。

例如，在每週召開的全體公司會議中，對績效斐然的員工進行「英

雄訪談」也是其中之一。由表現良好的成員向所有員工分享成功案例，並且當場接受訪談，例如：「哪一個部分有問題，你是如何解決的？」「什麼部分最辛苦？」「你是帶著什麼樣的心情努力？」等。透過這個方式，不僅是受訪的當事人覺得很光榮，其他員工也能從中對自己挑戰的課題獲得啟發與刺激。

此外，公司員工還提出一個稱為「大師制度」的企劃，就是在公司內募集「想要一個月內不做任何其他工作，只用來實現這個創意」，把重點放在創意的提議者與創意發想的內容，並且進行投票。獲選條件就是要讓周遭的人覺得，「如果這個人致力於這個創意，應該會發生了不起的結果」，也就是「由超厲害的人提出的超厲害創意」。

最後，表現出色又被選為「大師」的人，就可以實現自己的想法，而公司運用這項創意所產生的技術，進而提升員工生產力的情況也不少。再加上被選為「大師」的難度很高，算是相當令人驚豔的榮耀，也能激發其他成員「為了有朝一日被選為大師而努力」。

凝聚共識，創造共鳴，打造強大的組織

至於和工作夥伴之間的溝通，我自己在每週一次的全體公司會議上，除了導入視訊會議外，也會與辦公室內的全體員工多次談論公司的課題和問題意識。此外，每個月還會分享一次經營課題。這件事無法立刻顯現效果，或許是踏實穩健但無趣的事，不過我卻很重視每一次的溝通，也會花時間做好事前準備。我之所以認為即使無趣也非常重要的理由是，當每位員工都具有相同的問題意識，「好！努力解決它」的工作熱情，將會成為最強的動力來源。

過去曾有求職者到公司接受面試，事後卻表示「在這種工作與私人缺乏界限的環境中，用如同興趣般的心情工作，這種工作氣氛並不適合我」，而拒絕接受這份工作。由於那也是對方的想法，我認為也無妨。

對我們來說，重要的是營造出「適合工作的環境」、「可以努力工作的環境」，講得極端一點，並不是人人都適合擁有強大企業文化的環境。當然，工作方式與想法應該具有多樣性，如此才能建立強而有力的組織。另外，員工在某些部分對相同的事情有共鳴，這樣才算是真正強大的組織。

重點提示

營造開放自主的氛圍是「生產力」的關鍵。

當心犯下「無意義的失敗」

「不知道為什麼會失敗」，就無法學習到任何東西。

究竟是執行的方法不好、想法不佳、準備不夠充分，還是沒有徹底嘗試？總之，原因就在於「不知道為什麼會失敗」。

例如，當你在進行科學實驗時，不自覺地使用不乾淨的燒杯，就如同根據那個實驗結果導出的結論，就是毫無用處的失敗。不曾思考問題的本質，沒有認真試圖想要解決問題時，很多時候我們經常是處在無意識的狀態。所以，能夠從中學到的東西當然很少。儘管如此，不知為何卻往往會犯下這種「無意義的失敗」。

我也曾有過慘痛的經驗，是在剛剛創業，想要邀請朋友和我一起攜手開創時，當時若是能夠認真說服對方就好了，但是由於一開始自己沒有什麼自信，也有些害羞，所以就用半開玩笑的口吻詢問對方的意願：「如果你有興趣的話……。」

因為是邀請朋友進入一家既無實績，也沒有後盾，一切都剛剛起步的公司，站在對方的立場來看，無法猜到我的真實心意，當然也只是把我的邀約當成開玩笑，事情就這樣不了了之。

「自己用開玩笑的口吻邀約，對方當然不可能會認真地回應」，明明任何人都知道這個道理，我卻沒有面對這件事的本質。當時為什麼沒有認真地邀約對方呢？即使現在回想起來，依舊覺得自己做了一件非常可惜的事，這件事也是「無意義的失敗」。

探究問題的本質，竭力避免「無意義的失敗」

即使在工作上，也經常出現這種「無意義的失敗」。舉例來說，業務人員向客戶推銷新的服務，最後卻沒有順利簽約，像這種「不知道原因」的案例出乎意料地多，可以想到的理由就是沒有確實向顧客詢問、聽取問題的本質。「無論如何都無法克服的障礙是什麼？」「你的服務無法解決哪些問題？」「無法決定簽約的理由為何？」即使深入探詢到這樣的程度，還是可能無法直搗問題的核心；換言之，原因在於你和顧客之間尚未建立能夠聽到真實回饋的信任關係。在未能掌握問題本質的狀態下，就算拚命努力也毫無意義，不僅會提高再次失敗的可能性，從中可以學習到的東西也很少。

因此，要掌握自己在不自覺當中容易在什麼地方失誤，盡可能避免「無意義的失敗」。例如，不是很清楚問題的本質卻不試著了解，從一開始就否定事情的可能性，但當最後的結果是成功時，我認為這種感覺也類似「無意義的失敗」。

拒絕用負面觀點扼殺各種可能

過去，我曾用嘲諷的心態看待手機的應用程式與來電鈴聲，甚至是Google的搜尋引擎，心想：「這些東西並不會改變人類生活的核心吧！」如今回想起來，我沒有把觀點放在未來的可能性，並深刻反省自己犯了一個天大的錯誤。「雖然可能需要一段時間，但是未來或許會出現某種變化」，我缺乏的是積極正向的思考態度。

現在人工智慧在各個領域都備受關注，對於趨勢的批評意見，無論哪個時代都很多，但是**以負面觀點看待事物將會局限自己，也會扼殺蘊含各種可能性的嫩芽，從這個層面來看，絕對是一大損失。**

「這是行不通的」，立刻提出批評是很簡單的事。不過，試著積極思考：「如果進展順利，將會發生什麼樣的變化呢？」這樣的想法更重要。從此以後，我會提醒自己，不要一開始就用批判的眼光看待今後將受到關注的全新服務與創意。

所謂面對問題的本質，可說是避免「無意義的失敗」的同義詞。要讓這種沒什麼收穫、產生「無意義的失敗」的可能性浮出檯面，最好掌握自己的失敗傾向。

重點提示

只有當你認真面對問題的本質時，才能有所「學習」。

「有意義的失敗」是重要的驗證材料

「在創業時，想到萬一失敗的話，不會覺得害怕嗎？」

我經常被問到這個問題，回答是「自己一點也不害怕」，為什麼呢？那是因為我確信「即使失敗了，也一定會成為好的經驗」。先前曾提及，從不明就裡的「無意義的失敗」中幾乎學不到任何東西。另一方面，**認真面對問題的本質，努力之後所面對的失敗，絕對是有意義的，因為這個失敗經驗可以成為重要的驗證材料。**

這可能是我在Google工作時受到的影響，Google可以接觸到許多來自世界各地，原先也是自行創業的人，他們聚集在此，活躍於自己的工作領域。其中有不少人曾有創業失敗的經驗，後來才進入Google工作，他們的想法是「就算失敗，失敗的經驗也會成為自己的養分」，這樣的觀念對我產生很大的影響（所以才有現在的freee股份有限公司）。

當我離開Google自行創業時，認為「雲端會計系統的開發，這項今後準備要做的工作，就是我賭上人生的一項重要驗證活動」。從這個層面而言，**「這件事即使失敗了，也是有意義的事」**，我可說是基於這個強烈的想法才開始創業。

當時，日本幾乎沒有企業使用雲端服務，到目前為止也不曾順利推動雲端服務，面對這種狀況，卻沒有人認真探究背後的原因。

再加上我先前也曾提及，大家都異口同聲地規勸我：「因為會計軟體三十年來都毫無改變，今後也一定不會改變，你最好打消這個念頭。」或許這的確是業界的常識。

實際上，要改變迄今為止的結構可能確實相當困難。

即使失敗，仍能從中獲得寶貴教訓

然而，我們認為「或許過去確實有人曾經努力過，但可能是做法不好，如果換成我們的假設嘗試看看，說不定就能成功了」。而且最重要的是，這是我發自內心想要試圖挑戰的工作。

對我們來說，重要的是「自動化的會計軟體」。「因為任何人都可以輕鬆自動地處理會計業務，所以會完全改變以往的工作方式」，這就是課題的本質。我覺得如果努力面對課題的本質，即使失敗，依然是有意義的失敗。「儘管到目前為止，日本不曾有人成功推動雲端服務的會計軟體，未來或許可以顛覆這個常識。」因此，我可以說是為了一場大規模的驗證而成立freee股份有限公司。

即使最後以失敗收場，還是會留下「這個做法行不通」的事實，我認為這件事本身就很有意義，因為這是一個經過驗證的寶貴案例。挑戰提供雲端會計軟體的人少之又少，正是因為在這種環境下，「想要攻占那個領域，至少潛藏著這種問題」，我認為能夠提供這項資訊非常有意義。在這種想法下，希望在社會上進行有意義的驗證活動就成為很大的創業原動力。

我當然想要盡可能地避免失敗，能夠成功是再好不過的事了。只不過我看待這件事的角度是，與其說是害怕失敗，倒不如說就算最後的結果失敗也是意義的。即使認真面對問題的本質，最後卻以失敗收場，失敗經驗絕對也會成為很重要的養分。

就算失敗也無妨，希望自己的挑戰能為世界帶來具有影響力的一步，在如此強烈的想法下，不會害怕面對可能會失敗的事。當我們在挑戰某些事情時，或多或少擺脫不了不安感，但是在這時候，**希望你能更重視決定挑戰時那份激動興奮的心情**，因為覺得這真的是一件有意義的事，所以應該會出現想要嘗試的欲望。

重點提示

發現「有意義」的挑戰，是成長的重要養分。

結語

像在Google一樣利用時間

二〇一七年七月，我在Academy Hills舉辦的活動中，以「時間術」為主題發表演說。

倒不是我原本就擅長「如何利用時間」，不過在談論到平常就很重視的事情時，最後歸結出「三個月」這個關鍵詞。由於在場的聽眾很有興趣，也聽得津津有味，於是成為撰寫本書的契機。

針對「如何利用時間」，我到現在也持續在錯誤中摸索嘗試。當工作改變、事業階段改變，或是組織發生變化時，利用時間的方法自然也必須隨之改變。關於這一點，我也參考freee股份有限公司的員工及其他經營者利用時間的方法，即便到了現在，還在持續一點一滴地提升。

儘管如此，以「三個月」為一個段落，盡自己所能去努力，進而改變方向或創造轉機的經驗，在我回顧過往，並在整理本書的過程中，深切地實際感受到這些經驗如同成為一項法則，不斷出現在人生之中。

在完成本書之際，甚至有一些新的發現。無論是進入學校、公司或加入新的群體時，一定會有些人能成為這個群體的中心，並且成為非常顯眼的存在。我完全不是這種類型的人，如果要分類的話，應該是屬於等到能夠熟悉環境、提出明確的自我主張，大約需要「三個月」的類型。

剛從學校畢業進入公司時，我滿懷雀躍興奮的心情，因為想要快點做出成果而感到焦躁。然而，反倒是在最初的三個月，我先徹底了解像是這個群體依循什麼規則運作、做決定、重視什麼事、是什麼樣的機制在發揮作用等其他部分，並且完成了眼前該做的工作。我在無意識中，將最初三個月用來設定「自己想要站在哪一個位置做出貢獻」。

換言之，就是以「觀察情況」為主題所設定的「三個月」。我認為可以徹底專注某件事三個月，或是也可以像我一樣觀察情況三個月。

在撰寫本書並回顧過往之際，我再次覺得進入Google工作是人生的重大轉捩點，不只是受到該公司本身企業文化的影響，我想應該還有世界各地的頂尖工程師與商務菁英一起工作的因素使然。

其實我對進入Google工作這件事，也曾猶豫不決。當我要進入Google時，日本還處在「必須讓國內的搜尋引擎變得更好」的時機，因此覺得自己好像投身敵營，心裡覺得很內疚，此時朋友對我說：「如果像Google這樣的企業無法推廣到全日本，才是風險更大的事。」我覺得對方說得沒錯，於是決定進入Google工作。

在這段期間，我完全沉浸於Google對工作的推動方式及其企業文化，從中學習非常多，「想要在日本增加更多像Google一樣具有良好企業文化的公司」這個想法，在創業時也成為很重要的動力。

本書也涵蓋許多在Google發現的事，以及我從Google學習到的事，如果這些內容對各位來說具有參考價值，我將感到非常開心。

從「想要在日本增加更多像Google一樣具有良好企業文化的公司」這個觀點來看，我成立的freee股份有限公司本身的企業文化就必須超越Google。因此，我積極融入良好的元素，能夠改善之處、應該做的部分，就要不斷地推動進化。

關於「如何利用時間」，我同樣深受Google的影響，不僅如此，仍在持續進化改善，本書內容也蘊含這樣的精華。

藉由僅僅「三個月」的努力，有許多事就能為世界帶來重大的影響；也就是說，這個世界上還有非常多尚待處理的課題。

因此，努力的方向也是很重要的主題。我會選擇還沒有人努力嘗試過、不過自己能有所貢獻的事，這是我在職涯中一直有意識也努力這麼做的事。

我認為對這個世界來說，這不僅是一件好事，從職涯層面來看也是容易取得成果的想法。透過這個想法，像是「創業」的選項就會離你更近，你也會更願意挑戰風險。

以「三個月」為主題，不僅可以在工作上獲得重大成果，也能創造出自己的人生轉機。

如果本書能讓每天不斷奔波的各位稍微停下腳步，用心設定屬於自己的「三個月」，我會感到非常高興。

最後，十分感謝每天讓我精進工作方式的freee股份有限公司同仁，以及在撰寫本書時全力協助的freee股份有限公司定田充司先生。

新商業周刊叢書　BW0698

三個月交不出成果，就等於失敗！
告別無效努力的Google三個月循環工作術

原文書名／「3か月」の使い方で人生は変わる
作　　者／佐佐木大輔
譯　　者／劉愛夌
責任編輯／黃鈺雯
編輯協力／蘇淑君
版　　權／黃淑敏、翁靜如
行銷業務／周佑潔、黃崇華、王瑜、莊英傑

總編輯／陳美靜
總經理／彭之琬
發行人／何飛鵬
法律顧問／台英國際商務法律事務所
出　　版／商周出版　臺北市中山區民生東路二段141號9樓
電話：(02)2500-7008　傳真：(02)2500-7759
E-mail：bwp.service@cite.com.tw
發　　行／英屬蓋曼群島商家庭傳媒股份有限公司　城邦分公司
台北市104民生東路二段141號2樓
電話：(02)2500-0888　傳真：(02)2500-1938
讀者服務專線：0800-020-299　24小時傳真服務：(02)2517-0999
讀者服務信箱：service@readingclub.com.tw
劃撥帳號：19833503
戶名：英屬蓋曼群島商家庭傳媒股份有限公司城邦分公司
香港發行所／城邦(香港)出版集團有限公司
香港灣仔駱克道193號東超商業中心1樓
電話：(825)2508-6231　傳真：(852)2578-9337
E-mail：hkcite@biznetvigator.com
馬新發行所／城邦(馬新)出版集團
Cite (M) Sdn Bhd
41, Jalan Radin Anum, Bandar Baru Sri Petaling,
57000 Kuala Lumpur, Malaysia.
電話：(603)9057-8822　傳真：(603)9057-6622　email: cite@cite.com.my

國家圖書館出版品預行編目(CIP)數據

三個月交不出成果,就等於失敗!：告別無效努力的Google三個月循環工作術 / 佐佐木大輔著；劉愛夌譯. -- 初版. -- 臺北市：商周出版：家庭傳媒城邦分公司發行, 民108.01
面；　公分. --(新商業周刊叢書；BW0698)
ISBN 978-986-477-592-7(平裝)

1.職場成功法 2.時間管理

494.35　　107021048

封面設計／江孟達　內文設計暨排版／無私設計・洪偉傑　印　刷／韋懋實業有限公司
經銷商／聯合發行股份有限公司　電話：(02)2917-8022　傳真：(02) 2911-0053
地址：新北市231新店區寶橋路235巷6弄6號2樓

ISBN／978-986-477-592-7

定價／280元

城邦讀書花園
www.cite.com.tw

2019年(民108)1月初版

商周出版

廣 告 回 函
北區郵政管理登記證
台北廣字第000791號
郵資已付，免貼郵票

104台北市民生東路二段141號2樓

英屬蓋曼群島商家庭傳媒股份有限公司　城邦分公司

請沿虛線對摺，謝謝！

商周出版

書號：BW0698　　**書名**：三個月交不出成果，就等於失敗！

請於此處用膠水黏貼

商周出版

讀者回函卡

感謝您購買我們出版的書籍！請費心填寫此回函卡，我們將不定期寄上城邦集團最新的出版訊息。

姓名：________________ 性別：□男 □女

生日：西元________年________月________日

地址：________________

聯絡電話：________________ 傳真：________________

E-mail ：

學歷：□ 1. 小學 □ 2. 國中 □ 3. 高中 □ 4. 大學 □ 5. 研究所以上

職業：□ 1. 學生 □ 2. 軍公教 □ 3. 服務 □ 4. 金融 □ 5. 製造 □ 6. 資訊
□ 7. 傳播 □ 8. 自由業 □ 9. 農漁牧 □ 10. 家管 □ 11. 退休
□ 12. 其他________________

您從何種方式得知本書消息？

□ 1. 書店 □ 2. 網路 □ 3. 報紙 □ 4. 雜誌 □ 5. 廣播 □ 6. 電視
□ 7. 親友推薦 □ 8. 其他________________

您通常以何種方式購書？

□ 1. 書店 □ 2. 網路 □ 3. 傳真訂購 □ 4. 郵局劃撥 □ 5. 其他______

您喜歡閱讀那些類別的書籍？

□ 1. 財經商業 □ 2. 自然科學 □ 3. 歷史 □ 4. 法律 □ 5. 文學
□ 6. 休閒旅遊 □ 7. 小說 □ 8. 人物傳記 □ 9. 生活、勵志 □ 10. 其他

對我們的建議：________________

____

____

請於此處用膠水黏貼